黄淮冬麦区小麦科学种植与病虫草害防治技术

王福玉　陈贵菊　邵敏敏　编著

电子科技大学出版社

University of Electronic Science and Technology of China Press

·成都·

图书在版编目（CIP）数据

黄淮冬麦区小麦科学种植与病虫草害防治技术 / 王福玉，陈贵菊，邵敏敏编著. 一成都：电子科技大学出版社，2023.5

ISBN 978-7-5770-0134-0

Ⅰ．①黄… Ⅱ．①王… ②陈… ③邵… Ⅲ．①黄淮平原－冬小麦－栽培技术②黄淮平原－冬小麦－病虫害防治 Ⅳ．①S512.1②S435.12

中国国家版本馆 CIP 数据核字(2023)第 054340 号

黄淮冬麦区小麦科学种植与病虫草害防治技术
HUANGHUAI DONGMAIQU XIAOMAI KEXUE ZHONGZHI YU BINGCHONG CAOHAI
FANGZHI JISHU

王福玉　陈贵菊　邵敏敏　编著

策划编辑　　罗国良
责任编辑　　罗国良

出版发行　电子科技大学出版社
　　　　　成都市一环路东一段 159 号电子信息产业大厦九楼　邮编 610051
主　　页　www.uestcp.com.cn
服务电话　028-83203399
邮购电话　028-83201495

印　　刷　北京京华铭诚工贸有限公司
成品尺寸　170mm×240mm
印　　张　12.5
字　　数　239 千字
版　　次　2023 年 5 月第 1 版
印　　次　2023 年 5 月第 1 次印刷
书　　号　ISBN 978-7-5770-0134-0
定　　价　40.00 元

编委会

前　言

小麦是世界性的重要粮食作物。小麦的产量和消费量占世界谷物产量和消费量的 30％左右，而其贸易量占世界谷物贸易量的 45％左右。在我国小麦是仅次于玉米和水稻的第三大谷物。近年来，小麦每年种植面积在 2 400 万公顷左右，约占粮食作物总面积的 1/4。因此，小麦产业发展直接关系到国家粮食安全和社会稳定，抓好小麦生产意义重大。

黄淮冬麦区是我国小麦生产的优势区域，主要包括河北、山东两个省和河南大部、江苏和安徽北部、陕西关中、山西中南部，该区光热资源丰富，降雨量较少，土壤肥沃，生产条件较好，黄淮冬麦区现有小麦播种面积 1 480 万公顷左右、产量 6 300 多万吨、平均亩产 300 kg 左右。

虽然黄淮冬麦区在全国优势明显，但要进一步提高竞争力水平，仍存在诸多制约因素。一是提高小麦单产、实现大面积均衡增产难度增大。黄淮冬麦区不同区域间小麦生产技术水平发展不平衡，如品种抗逆差、栽培管理不到位、土壤肥力不平衡、水资源缺乏、病虫害加重等因素很大程度上影响小麦的产量、质量及稳产性。二是小麦生产肥水利用率低，投入成本高，收益低。近年来，小麦生产上存在灌水量多、水分利用率低，施氮量偏多、氮肥利用率低，增肥不增产现象凸显。不仅没有实现增产目标，还造成土壤养分失衡、土壤结构劣化、环境污染。这些对小麦生产的高效、安全和可持续发展构成了严重威胁。三是小麦病虫害日益严重。小麦有害生物发生种类不断增加，次要有害生物上升为主要有害生物，偶发性病害上升为常发性病害。随着种植制度、气候条件的变化，秸秆还田的推广，土传病害不断加重，纹枯病、根腐病等根茎部病害与白粉病、条锈病、叶锈病等叶部病害一起成为常发性病害。四是生产上普遍存在秸秆还田质量差、耕层变浅、播种出苗质量差、病虫害防治不科学、用药量多、污染生态环境等问题。五是自然灾害频发。尤其是小麦突发性自然灾害、生育期内干旱、生育后期干热风危害、低温冻害、洪涝风雹、穗发芽时有发生,严重制约了小麦生产的发展。

因此,需要加速推广高产、广适、抗逆小麦新品种,利用科学高效的种植技术,大幅度提高水肥等资源生产效率,减少化肥农药用量,降低小麦生产成本,并提高防御自然灾害的能力,以实现高产优质与高效环保的协调统一,促进小麦生产稳定发展,从而全面提高我国小麦产业竞争力。

我们结合小麦创新团队多年研究、调查和实践,参阅大量国内外的资料,汇集了山东省小麦产业技术体系近年来的研究成果。本书全面总结了黄淮冬麦区生产及生产概况,介绍了近年来黄淮冬麦区的主要推广品种,深入分析了小麦的生物学特性以及适宜小麦生长的生态气候条件,重点介绍了黄淮冬麦区的小麦绿色高效种植技术、全程机械化生产技术、自然灾害与防御技术以及小麦主要病虫草害及其防治技术。希望本书能为广大农民群众提供科学的种植方法,促进农业增效、农民增收和农村经济的发展,增强农业科技供给能力,为乡村振兴提供技术保障。同时为解决黄淮冬麦区小麦生产上面临的"卡脖子"技术难题提供理论支撑。

本书由山东省小麦产业技术体系济宁市综合试验站小麦创新团队及各县市区的农业技术人员共同执笔撰写,各位作者在繁忙工作中认真收集资料,撰写文稿。济宁市小麦产业技术体系专家提供大量资料或建议,帮助校对审稿。在此一并表示感谢。

本书力求做到文字浅显易懂、图文并茂、技术先进实用,适合农业技术人员、种植大户、植物保护专业化服务组织和广大农民群众阅读。

由于编著者水平所限,书中错误和不足之处在所难免,敬请各位读者批评指正。

编　者

2023 年 4 月

目　录

第一章　黄淮冬麦区小麦生产概况

第一节　黄淮冬麦区小麦生产概况

黄淮海地区种植小麦的历史可以追溯到商周时期，一般认为小麦起源于西亚，后传至中国。春秋时期小麦种植已经极为普遍，根据《左传》的记载，当时小麦的主要产地分布在"温""陈""齐""鲁""晋"，分别对应现代的河南省温县地区、河南省东部与安徽北部地区、山东省东北部与河北省东南部地区、山东省南部、山西与河北交界地区。经千百年的发展，约在明朝末年，小麦成为我国北方最重要的粮食作物。我国小麦栽培是在不断发展的，尤其是在中华人民共和国成立后发展更快，发展速度超过其他各种粮食作物。与1949年相比，1979年小麦产量提高了4.54倍，2015年我国小麦产量为1.3亿吨，约是1979年的2.2倍。2015年，我国小麦产量前5位省份分别为河南、山东、河北、安徽、江苏，这5个省份小麦产量占全国总产量的75.8%。

小麦作为我国第三大粮食作物、两大口粮之一，2015年产量达1.3亿吨，占我国粮食总产量的20.93%，在农业生产及国民经济中占有重要地位。黄淮海地区作为中国最重要的小麦主产区，其区位优势、地理位置十分突出，黄淮海冬小麦种植区包含北京、天津、河北、河南、山东、安徽、江苏7个省、直辖市局部或大部分区域，麦区面积约2.4亿亩[①]，近年来小麦产量在1亿吨以上。我国小麦在当时连续10年增产，总产量从2003年的8 650万吨提高到2013年的1.22亿吨；单位面积产量从4.0 t/hm² 提高到5.1 t/hm²，单位面积产量提高了1.1 t/hm²，增产幅度达27.5%。而这10年中玉米增产为14%，水稻增产为8%，在我国粮食10年增产中，黄淮海地区的小麦丰收起到了重要的支撑作用。豫东平原、皖北平原、苏北平原、鲁西南平原东西连成一片，常年小麦播种面积在1 300万 hm² 左右，占全国冬小麦面积的56%左右，总产量达9 341万吨，占

[①]　1亩≈666.67 m²，全书同。

全国小麦总产量的 67% 以上。这一区域的小麦单产和总产均已超过世界小麦主产区，包括美国、俄罗斯、加拿大、澳大利亚等国家。这一区域是我国冬小麦面积最大、生态适应性最好的地区，也是我国强筋、中筋优质小麦生产基地，生产潜力大，小麦机械化程度高，已成为我国和世界小麦高产、优质、高效的黄金区域，对全国粮食产量影响十分重大。

虽然黄淮冬麦区在全国优势明显，但要进一步提高竞争力水平，仍存在诸多制约因素。一是提高小麦单产、实现大面积均衡增产难度增大。黄淮冬麦区不同区域间小麦生产技术水平发展不平衡，如品种抗逆差、栽培管理不到位、土壤肥力不平衡、水资源缺乏、病虫害加重等因素也很大程度影响小麦的产量、质量及稳产性。二是小麦生产肥水利用率低，投入成本高，收益低。近年来小麦生产上存在灌水量多、水分利用率低、施氮量偏多、氮肥利用率低，增肥不增产现象凸显，不仅没有实现增产目标，还造成土壤养分失衡、土壤结构劣化、环境污染，对小麦生产的高效、安全和可持续发展构成严重的威胁。三是小麦病虫害日益严重。小麦有害生物发生种类不断增加，次要有害生物上升为主要有害生物，偶发性病害上升为常发性病害。随着种植制度、气候条件的变化，秸秆还田的推广，土传病害不断加重，纹枯病、根腐病等根茎部病害与白粉病、条锈病和叶锈病等叶部病害一起成为常发性病害。四是生产上普遍存在秸秆还田质量差、耕层变浅、播种出苗质量差、病虫害防治不科学、用药量多、污染生态环境等问题。五是自然灾害频发。尤其是小麦突发性自然灾害、生育期内干旱、生育后期干热风危害、低温冻害、洪涝风雹、穗发芽时有发生，严重制约了小麦生产的发展。

第二节　黄淮冬小麦生态类型区划分

黄淮冬麦区位于 $32°\sim42°N$、$113°\sim120°E$，地处暖温带，属季风气候，四季变化明显，由南至北从湿润气候向半干旱气候过渡。年均温和年降水量由南向北随纬度增加而递减。冬季干燥寒冷，夏季高温多雨，春季干旱少雨，蒸发强烈。春季旱情较重，夏季常有洪涝。热量资源较丰富，黄淮海地区年均温 $14\sim15\ ℃$，南北相差 $2\sim3\ ℃$。全区 $0℃$ 以上积温为 $4\,500\sim5\,500\ ℃\cdot d$，大于 $10\ ℃$（含 $10\ ℃$）积温为 $3\,800\sim4\,900\ ℃\cdot d$，无霜期 $190\sim220\ d$，年降水量 $500\sim800\ mm$。光资源丰富，增产潜力大。降水量不够充沛，集中于生长旺季，地区、季节、年际间差异大。小麦生长期（10月至翌年6月）内光温资源十分优越，但期内降水量一般小于 $300\ mm$，不能满足冬小麦正常 $400\sim550\ mm$ 的需水量。

黄淮地区在小麦种植期间，有秋季气温适宜、光照充足，冬季温和（除北部冬季气温相对稍低），春季气温回升快，入夏温度较高等特点，形成了黄淮海冬小麦全生育期长、分蘖期长、籽粒灌浆期短的"两长一短"的生育特点。具体来看，黄淮海冬小麦播种期一般在9月下旬至10月下旬，10月底至12月上中旬即可进入第一个分蘖盛期，翌年的2月中下旬至3月上中旬进入第二个分蘖盛期，而且在黄淮海冬麦区表现出分蘖越冬不停止的情况，因此，黄淮海冬麦区分蘖期跨度时间长，为保证成穗数留下了充足的调节时间。由于黄淮海冬麦区冬季平均在0℃左右，在10月下旬和11月上中旬即可进入幼穗分化期，持续至翌年4月中下旬，历时160~170 d，此时旗叶全部展开，小麦处于孕穗期；而北部冬麦区由于冬季气温较低，在2月下旬至3月中旬才陆续进入幼穗分化期，4月下旬和5月上旬结束，历时40~70 d，这一地区主要是北京、天津地区和河北北部，占整个黄淮海冬麦区面积较小，因此，在幼穗分化期上表现为黄淮海冬麦区分蘖期长，而北部冬麦区分蘖期短的特点。在进入小麦抽穗期以后，气温急剧上升，而且比较干旱，至5月下旬，小麦正处于灌浆中后期，往往遇到干热风的侵袭，造成高温逼熟。一般情况下，黄淮海冬小麦从抽穗开花到成熟也只有40 d左右的时间，占整个生育时期的18%~20%。

黄淮海地区的主体为黄河、淮河与海河及其支流冲积而成的黄淮海平原。行政区划范围大致包括北京、天津、河北、河南、山东、江苏、安徽7个省、直辖市的部分区域。该区总面积约5.0×10^7 hm²，农田面积约2.6×10^7 hm²，每年小麦产量约占全国的55.5%。该区域横跨近千米，南北两端常年平均气温相差可达2~3℃，年降水量相差近500 mm，气候存在很大差异，以致该区域内小麦生产方式存在多样性。

为细化研究该区内气候变化特征及其对小麦生产的影响，可将该区域划分为海河平原北区、海河平原南区、黄淮平原区、沿淮平原区。划分依据主要考虑了气候因子、小麦生产方式，另外考虑到各行政区内农业政策的差异。本研究在划定各区域边界时，兼顾气候要素与自然地理地貌，并结合与之相近的行政区划分界。

海河平原北区：主要由燕山及太行山山前冲积平原组成，地势开阔平坦。该区的南北边界参考了《中国小麦学》（金善宝，1996）中北方冬麦区中燕太山麓平原副区的南北边界，北起长城沿燕山南麓，西依太行山，东达海滨，南迄滹沱河及沧州一线以北地区，其中主要包含北京、天津及河北省境内唐山、秦皇岛、保定、廊坊。区内有燕山及太行山做屏障，故气候温暖，区内平原年平均气温在

11～13 ℃，无霜期 180～190 d/a，年降水量 500～700 mm，小麦生育期间降水量 150～215 mm，春旱严重，年日照时数为 2 600～2 900 h。正常年份冬小麦虽均可安全越冬，但低温冷冻和干旱年份，以及播期偏晚和春季寒流发生年份，偏北地区常发生冻害死苗。该区小麦播种面积约为 7.92×10^5 hm²，单产 5 341.8 kg/hm²。冀东至沧州地区沿海一带，地势低洼，地下水位高，水质矿化度高，土地多涝洼盐碱，小麦产量低。冀中的廊坊、保定以及北京、天津等平原地区，地势平坦，热量条件较好，可一年两熟，随着城市的扩展和水资源的日益枯竭，小麦播种面积急速减少。例如，2016 年北京地区小麦播种面积由以往的 13 多万公顷锐减为 1 万公顷，小麦生产在当地农业中的比重不断下降。

海河平原南区：该区属暖温带，西至太行山麓，南至黄河，东至海滨，北至滹沱河、沧州一线。主要包括河北省石家庄、衡水、沧州、邢台、邯郸地区，山东省聊城、德州全境及滨州、济南、东营等黄河以北区域，河南省安阳、濮阳、鹤壁、新乡的平原地区。区内年平均温度 12～14 ℃，无霜期 200～220 d/a，年降水量在 500～700 mm，小麦生育期降水约为 200 mm，常有干旱灾害，年日照时数为 2 600～2 900 h。该区种植小麦约为 6.90×10^6 hm²，单产约为 6 500 kg/hm²。区内光热条件充足，土地平整，是最适宜小麦生产的地区之一，种植制度以一年两熟为主，且以小麦和夏玉米复种为主要方式。该区域与黄淮平原区域较为相似，不同之处在于降水量和水资源较少，常有干旱发生。

黄淮平原区：该区属暖温带，西至太行、伏牛山麓，北至黄河，东至山东丘陵(不含)，南至淮河平原以北。主要为河南省境内黄河以南的郑州、开封、商丘、周口、许昌、漯河地区，安徽省亳州、淮北、宿州地区，山东省菏泽及江苏省徐州地区。区内年平均温度 13～15 ℃，无霜期 200～220 d/a，年降水量 700～900 mm。小麦生育期一般有 300 mm 左右降水，基本不受干旱危害，但由于年度间变化大和季节间分布不均，南部也时有旱害发生，有时还可能发生涝害。年日照时数为 2 200～2 400 h。区内小麦播种面积约为 4.30×10^6 hm²，单产约为 6 800 kg/hm²。种植制度以一年两熟为主，且以小麦和夏玉米复种为主要方式。同样，该区也为大平原区域，光温资源充足，雨量也较为充沛，该区与海河平原南区共同构成我国最大的小麦生产区，区内单产、总产均为全国最高，是整个黄淮海冬麦区的精华所在。

沿淮平原区：该区属暖温带与亚热带过渡区域，主要包含淮河流经的河南省驻马店、信阳地区，安徽阜阳、蚌埠、淮南地区，江苏的淮安、宿迁等地。该区气候温和湿润，雨量充沛，水资源丰富。年平均气温 15 ℃ 左右，无霜期 200～

230 d/a，年降水量 850～1 200 mm，小麦生育期间降水量为 346～650 mm，较宜于小麦生长。区内偶有湿害和赤霉病发生。区内小麦播种面积约 2×10^6 hm²，平均单产约 5 700 kg/hm²，小麦种植方式以水旱并存的一年两熟制为主。无论是旱地还是水田土壤耕整质量均较差，小麦种植与管理较为粗放，生产水平一般。受农村青壮年劳动力大量外出务工等因素影响，耕作管理以中小型拖拉机耕作为主，耕层变浅，犁底层明显加厚。另外，部分农户秸秆还田后直接旋耕播种小麦，造成浅层墒散失严重，播种层根茬比例过大。由于该区属南北气候过渡地带，其自然环境、生态条件和耕作栽培制度决定了小麦病害发生偏重。随着小麦生产水平的提高，水肥条件改善、秸秆大面积还田，赤霉病、锈病、白粉病、纹枯病有加重发生趋势。

第三节　黄淮麦区优良品种介绍

优良品种是农业增产技术措施中贡献最大、效益最显著的技术因素，由于任何一个优良品种都是在特定环境条件下，通过长期选择和人工培育而成，而且随着生产的发展，耕作与栽培条件的改变，其优劣也在转变，因此，优良品种在利用上具有时效性、区域性和生命性，生产上应因时因地制宜，合理选用良种良法。

一、小麦优良品种选用原则

1. 产量品质效益兼顾的原则

由于优质强筋和弱筋小麦比普通中筋小麦产量要低，而且可供选择的品种相对较少，在非最佳适宜区利用的情况较为普遍，因此，在选用优质品种时，要注意：一要选用加工品质稳定，地区变异小的半冬性或弱春性偏冬优质高产品种，如郑麦 7698、新麦 26、郑麦 004 等；二要根据品种特性，协同实施适宜的栽培技术，以保证品质，提高产量；三要实行优质优价，以避免种植效益低于中筋小麦。

2. 高产稳产并重的原则

高产和稳产与品种关系密切，只有产量相对较高、稳产性好的品种才能持续利用。当前影响商丘市小麦生产的灾害较多，如倒春寒、干旱、干热风和白粉病、纹枯病等，这些灾害几乎每年都对产量造成较大的损失。由此看来，生产上应选用多穗型、中穗型和中大穗型，抗倒性好、冬春发育稳健、灌浆速度快、熟期中等或中熟偏早，对白粉病、纹枯病等病害有一定抗（耐）病性的品种，如矮抗58。

3. 良种良法配套的原则

现实中没有完美的品种，品种的优劣是相对的。有的品种可能抗一种或两种病害，但目前还没有发现抗所有病害的品种；有的品种抗倒性原很突出，但如果栽培措施不当或受特殊天气的影响，仍有可能发生倒伏；有的品种耐旱性很强，但如果长期严重干旱，其产量会受到严重的影响，甚至因受旱而死亡；有的品种产量潜力很高，但在不同年度、地区之间，产量波动较大。也就是说，当前生产上利用的品种都有这样或那样的缺点，因此，在选用品种时，一定要全面地了解，客观地对待，要根据生产实际，采用配套的良法，扬其长，避其短。

二、黄淮麦区优良品种

1. 济麦22

品种来源：935024/935106。

特征特性：半冬性，中晚熟半冬性，中晚熟。幼苗半匍匐，分蘖力中等，起身拔节偏晚，成穗率高。株高78 cm，株型紧凑，旗叶深绿、上举，长相清秀，穗层整齐。穗纺锤形，长芒，白壳，白粒，籽粒饱满，硬质。茎秆弹性好，抗倒伏。

抗寒性鉴定：抗寒性差。

抗病性鉴定：中抗白粉病，中抗至中感条锈病，中感至高感秆锈病，高感叶锈病、赤霉病、纹枯病。

品质鉴定：蛋白质（干基）含量13.68%、14.86%，湿面筋含量31.7%、34.5%，沉降值30.8 mL、31.8 mL，吸水率63.2%、61.1%，稳定时间2.7 min、2.8 min，最大抗延阻力196E. U.、238E. U.，拉伸面积45 cm²、58 cm²。

栽培要点：适宜播期10月上旬，播种量不宜过大，每亩适宜基本苗10万～15万苗。

2. 良星99

亲本组合：（济91102×鲁麦14）×PH85－16。

特征特性：属半冬性中熟品种，生育期253 d左右。幼苗半匍匐，叶色浓绿，分蘖力一般。成株株型较紧凑，株高71.7 cm。穗长方型，长芒，白壳，白粒，硬质，籽粒较饱满。亩穗数35.6万穗，穗粒数31.9粒，千粒重43.7 g，容重793.2 g/L。抗倒性强，抗寒性略低于京冬8号。2011年，农业部（现农业农村部，后不再赘述)谷物品质监督检验测试中心(哈尔滨)测定，籽粒粗蛋白(干基)14.42％，湿面筋 31.8％，沉降值 27.2 mL，吸水率 61％，形成时间2.8 min，稳定时间 2 min。

抗病性鉴定：河北省农林科学院植物保护研究所抗病性鉴定，2008—2009年度白粉病、条锈病免疫，中感叶锈病；2009—2010 年度中抗白粉病，免疫条锈病，高感叶锈病。

2004 年同组区域试验结果，平均亩产 549.2 kg；2004 年同组生产试验结果，平均亩产 553.4 kg，比对照增产 6.48％。

2004—2005 年度参加黄淮冬麦区北片水地组品种区域试验，平均亩产509.13 kg，比对照石 4185 增产 4.17％；2005—2006 年度续试，平均亩产 529.2 kg，比对照石 4185 增产 4.40％；2005—2006 年度生产试验，平均亩产 498.9 kg，比对照石 4185 增产 2.46％。

栽培要点：适宜播期 10 月 1—10 日，播种量不宜过大，精播地块每亩适宜基本苗 10 万～12 万苗，半精播地块每亩适宜基本苗 15 万～20 万苗。注意 N、P、K 配合，防止早衰。春季管理应注意及时锄划和除草，抽穗以后注意及时防治蚜虫和赤霉病。

3. 矮抗 58

亲本组合：周麦 11×温麦 6 号×郑州 8960。

特征特性：半冬性中熟品种。幼苗匍匐，冬季叶色淡绿，分蘖多，抗冻性强，春季生长稳健，蘖多秆壮。株高 70 cm，高抗倒伏，饱满度好。产量三要素协调，亩成穗 45 万穗，穗粒数 38～40 粒，千粒重 42～45 g。高抗白粉病、条锈病、叶枯病，中抗纹枯病，根系活力强，成熟落黄好。一般亩产 500～550 kg，最高可达 700 kg。

2003—2005 年，经中国农科院植物保护研究所两年接种抗病鉴定，矮抗 58表现高抗条锈(1—5R)、白粉病(1—2R)、秆锈病(10R)，中感纹枯病(45MS)、高感叶锈病(90S)、赤霉病(3.38MS)。田间自然鉴定，中抗叶枯病。

2003—2004 年，经农业部谷物品质监督检验测试中心测试，百农矮抗 58(样品编号，区 040014)容重 811 g/L，蛋白质 14.48％，湿面筋 30.7％，沉降值29.9 mL，吸水率 60.8％，形成时间 3.3 min，稳定时间 4.0 min，最大抗延阻力 212E. U.，拉伸面积 40 cm²。

栽培要点：适宜早播密植，最适宜播期为 10 月上中旬，最佳播期为 10 月 10日前后。亩产 500 kg 以上产量水平，亩基本苗以 15 万～20 万亩为适宜播量，18

万～20万苗为最佳。同时，在出苗后应检查麦苗均匀程度，及时进行催芽补种和疏密补稀。

4. 鲁原502

品种来源：采用航天突变系优选材料9940168为亲本选育的小麦新品种。

特征特性：半冬性中晚熟品种，成熟期平均比对照石4185晚熟1天左右。幼苗半匍匐，分蘖力强。抗寒性好。亩成穗数中等，株高76 cm，株型偏散，旗叶宽大，上冲。茎秆粗壮、蜡质较多，抗倒性较好。穗较长，小穗排列稀，穗层不齐。成熟落黄中等。穗纺锤型，长芒，白壳，白粒，籽粒角质，欠饱满。亩穗数39.6万穗，穗粒数36.8粒，千粒重43.7 g。

抗寒性鉴定：抗寒性一般。

抗病性鉴定：高感条锈病、叶锈病、白粉病、赤霉病、纹枯病。2009年、2010年品质测定结果分别为：籽粒容重794 g/L、774 g/L，硬度指数67.2(2009年)，蛋白质含量13.14%、13.01%；面粉湿面筋含量29.9%、28.1%，沉降值28.5 mL、27 mL，吸水率62.9%、59.6%，稳定时间5 min、4.2 min，最大抗延阻力236E.U、296E.U，延伸性106 mm、119 mm，拉伸面积35 cm²、50 cm²。

产量表现：2008—2009年度参加黄淮冬麦区北片水地组品种区域试验，平均亩产558.7 kg，比对照石4185增产9.7%；2009—2010年度续试，平均亩产537.1 kg，比对照石4185增产10.6%；2009—2010年度生产试验，平均亩产524.0 kg，比对照石4185增产9.2%。

栽培要点：适宜播种期10月上旬，每亩适宜基本苗13万～18万苗。

5. 山农20

品种来源：PH82－2－2/954072。

特征特性：半冬性中晚熟品种，成熟期平均比对照石4185晚熟1天左右。幼苗匍匐，分蘖力较强。区试田间试验记载越冬抗寒性较好。春季发育稳健，两极分化快，抽穗稍晚，亩成穗多，穗层整齐。株高78 cm，株型紧凑，旗叶上举、叶色深绿。抗倒性较好。后期成熟落黄正常。穗纺锤型，长芒，白壳，白粒，籽粒角质、较饱满。亩穗数43.3万穗、穗粒数35.1粒、千粒重41.4 g。

抗寒性鉴定：抗寒性较差。

抗病性鉴定：高感赤霉病、纹枯病，中感白粉病、慢条锈病，中抗叶锈病。2009年、2010年品质测定结果分别为：籽粒容重828 g/L、808 g/L，硬度指数67.7(2009年)，蛋白质含量13.53%、13.3%；面粉湿面筋含量30.3%、

29.7%，沉降值 30.3 mL、28 mL，吸水率 64.1%、59.8%，稳定时间 3.2 min、2.9 min，最大抗延阻力 256E.U、266E.U，延伸性 133 mm、148 mm，拉伸面积 47 cm²、56 cm²。

产量表现：2008—2009 年度参加黄淮冬麦区北片水地组区域试验，平均亩产 535.7 kg，比对照石 4185 增产 5.3%；2009—2010 年度续试，平均亩产 517.1 kg，比对照石 4185 增产 5.1%；2010—2011 年度生产试验，平均亩产 569.8 kg，比对照石 4185 增产 3.6%。

栽培要点：适宜播种期 10 月上中旬，每亩适宜基本苗 15 万～20 万苗。

6. 周麦 22

特征特性：半冬性、中熟。幼苗半匍匐，叶长卷、叶色深绿，分蘖力中等。株高 80 cm，株型较紧凑，穗层较整齐，旗叶短小上举，植株蜡质厚，株行间透光较好，长相清秀，灌浆较快。穗近长方形，穗较大，均匀，结实性较好，黑胚率中等。苗期长势壮，冬季抗寒性较好，抗倒春寒能力中等。春季起身拔节晚，两极分化快，抽穗晚。耐后期高温，耐旱性较好，熟相较好。茎秆弹性好，抗倒伏能力强。

抗病性鉴定：高抗条锈病，抗叶锈病，中感白粉病、纹枯病，高感赤霉病、秆锈病。

栽技术要点：适宜播期为 10 月上中旬，每亩适宜基本苗为 10 万～14 万苗。注意防治赤霉病。

7. 邯 6172

特征特性：半冬性，中熟，成熟期比对照豫麦 49 号晚 1 天。幼苗匍匐，分蘖力强，叶色深，叶片窄长。株高 81 cm，株型紧凑，旗叶上冲，抗倒性一般。穗层较整齐，穗纺锤型，长芒，白壳，白粒，籽粒半角质。成穗率较高，平均亩穗数 40 万穗，穗粒数 31 粒，千粒重 39 g。越冬抗寒性好，耐后期高温，熟相好。中抗纹枯病，高感赤霉病，高感叶锈病和白粉病，对秆锈病免疫。容重 796 g/L，粗蛋白含量 14.2%，湿面筋含量 32.1%，沉降值 28.2 mL，吸水率 64.3%，面团稳定时间 2.5 min，最大抗延阻力 87E.U，拉伸面积 21 cm²。

产量表现：2002 年参加黄淮冬麦区南片水地早播组区域试验，平均亩产 470.4 kg，比对照豫麦 49 号增产 8.1%（显著）；2003 年续试，平均亩产 486.6 kg，比对照豫麦 49 号增产 6.4%（极显著）；2003 年参加生产试验，平均亩产 481.4 kg，比对照豫麦 49 号增产 6.9%。

栽培要点：适宜播期为 10 月上旬至中旬，每亩基本苗 15 万～18 万苗。田间管理中，保证起身拔节肥水，浇好孕穗水和灌浆水，高产田注意防止倒伏。注意防治叶锈病、白粉病、赤霉病和蚜虫等病虫危害。

8. 观 35

特征特性：半冬性，中熟，株高为 68～72 cm，茎秆粗壮，高抗倒伏，分蘖力中等，后期灌浆速度快，落黄好。幼苗半直立，叶色深绿，旗叶较大，穗呈长方形，穗码较密，穗粒数为 38～41 粒，千粒重为 42～46 g。

品质鉴定：2006 年经农业部谷物及制品质量监督检验测试中心（哈尔滨）分析，容重为 796 g/L，粗蛋白质（干基）含量为 14.44%，湿面筋含量为 27.2%，沉降值为 28.2 mL，吸水率为 58.9%，形成时间为 3.5 min，稳定时间为 2.3 min，弱化度为 126F.U，评价值为 47。

产量表现：2005—2006 年参加山西省南部高肥水地组小麦引种试验，平均产量为 460.9 千克/亩，比对照品种临丰 615 增产 4.6%。

栽培要点：该品种适合在 10 月 5 日至 15 日播种，适期播种时，高水肥地块的用种量为 10～12 千克/亩，水肥条件较差、晚播地块需适当增加种子的用量。

9. 石优 20

特征特性：冬性中晚熟品种。黄淮冬麦区北片水地组区试，成熟期平均比对照石 4185 晚熟 1 天左右。幼苗匍匐，分蘖力强。株高 77 cm，旗叶较长，后期干尖较重。茎秆弹性较好，抗倒性较好。成熟落黄较好。穗层整齐，穗下节短，穗纺锤型，白壳，白粒，籽粒角质。亩穗数 43.2 万穗、穗粒数 34.5 粒、千粒重 38.1 克。

抗寒性鉴定：抗寒性较差。

抗病性鉴定：高感叶锈病、白粉病、赤霉病、纹枯病、慢条锈病。

2009 年、2010 年品质测定结果分别为：籽粒容重 804 克/升、785 克/升，硬度指数 66.4（2009 年），蛋白质含量 14.02%、14.22%；面粉湿面筋含量 31.8%、31.8%，沉降值 40.5 mL、34.5 mL，吸水率 61.2%、58%，稳定时间 15.4 min、8.0 min，最大抗延阻力 604E.U、408E.U，延伸性 150 mm、168 mm，拉伸面积 121 cm²、94 cm²。

产量表现：2008—2009 年度参加黄淮冬麦区北片水地组品种区域试验，平均亩产 524.3 kg，比对照石 4185 增产 3.1%；2009—2010 年度续试，平均亩产 508.3 kg，比对照石 4185 增产 3.3%。2010—2011 年度参加黄淮冬麦区北片水地组生产试验，平均亩产 564.3 kg，比对照石 4185 增产 4.3%。

栽培要点：①黄淮冬麦区北片适宜播种期 10 月 5—15 日，适期播种高水肥地每亩基本苗 16 万～20 万苗，中等地力每亩基本苗 18 万～22 万苗。北部冬麦区适宜播种期 9 月 28 日至 10 月 6 日，适期播种每亩基本苗 18 万～22 万苗，晚播麦田应适当加大播量。②及时防治麦蚜，注意防治叶锈病、白粉病、纹枯病等主要病害。

10. 周麦 27

品种来源：周口市农业科学院，周麦 16/矮抗 58。

特征特性：春季起身拔节早，两极分化快，抗倒春寒能力一般。株高 74 cm，株型偏松散，旗叶长卷上冲。茎秆弹性中等，抗倒性中等。耐旱性一般，灌浆快，熟相一般。穗层整齐，穗较大，小穗排列较稀，结实性好。穗纺锤形，长芒，白壳，白粒，籽粒半角质，饱满度较好。亩穗数 40.2 万穗、穗粒数 37.3 粒、千粒重 42.6 g。

抗病性鉴定：高感条锈病、白粉病、赤霉病、纹枯病，中感叶锈病。

品质鉴定：2010 年、2011 年品质测定结果分别为籽粒容重 794 g/L、790 g/L，硬度指数 68.6（2011 年），蛋白质含量 13.21%、12.71%；面粉湿面筋含量 28.9%、27.3%，沉降值 30.0 mL、27.2 mL，吸水率 60.1%、58.2%，稳定时间 4.1 min、5.2 min，最大抗延阻力 256E.U、240E.U，延伸性 130 mm，123 mm，拉伸面积 47 cm^2、43 cm^2。

产量表现：2009—2010 年度参加黄淮冬麦区南片冬水组品种区域试验，平均亩产 550.5 kg，比对照周麦 18 增产 9.9%；2010—2011 年度续试，平均亩产 589.6 kg，比对照周麦 18 增产 5.4%；2010—2011 年度生产试验，平均亩产 559.8 kg，比对照周麦 18 增产 5.4%。

栽培要点：①适宜播种期为 10 月 10—25 日，每亩适宜基本苗 15 万～20 万苗；②注意防治条锈病、白粉病、纹枯病、赤霉病。

种植区域：适宜在黄淮冬麦区南片的河南省（南阳、信阳除外），安徽省北部、江苏省北部、陕西省关中地区高中水肥地块早中茬种植。

11. 周麦 28

品种来源：周口市农业科学院周麦 18、周麦 22、周麦 2168。

特征特性：半冬性中晚熟品种，全生育期 231 d，比对照周麦 18 晚熟 1 d。幼苗半匍匐，苗势壮，叶窄长，冬季抗寒性较好。分蘖力较强，分蘖成穗率中等，早春起身拔节快，两极分化较快，抽穗晚，抗倒春寒能力中等，耐后期高温，熟相中等。株高 76 cm，株型松紧适中，抗倒性好。穗层较整齐，穗下节间长，叶片上冲，茎叶蜡质重。穗近长方形，穗长码稀，长芒，白壳，白粒，籽粒角质、饱满度较好，黑胚率中等。平均亩穗数 38.6 万穗，穗粒数 36.1 粒，千粒重 43.2 g。抗病性接种鉴定，免疫条锈病、叶锈病，高感赤霉病、白粉病、纹枯病。品质混合样测定，籽粒容重 793 g/L，蛋白质含量 14.75%，硬度指数 63.2，面粉湿面筋含量 32.8%，沉降值 29.2 mL，吸水率 56.8%，面团稳定时间 2.9 min，最大拉伸阻力 184E.U，延伸性 164 mm，拉伸面积 44 cm²。

抗病性鉴定：抗病性接种鉴定，免疫条锈病、叶锈病，高感赤霉病、白粉病、纹枯病。

产量结果：2010—2011 年度参加黄淮冬麦区南片冬水组品种区域试验，平均亩产 581.7 kg，比对照周麦 18 增产 3.4%；2011—2012 年度续试，平均亩产 517.0 kg，比周麦 18 增产 6.7%；2012—2013 年度生产试验，平均亩产 502.5 kg，比周麦 18 增产 6.8%。

适宜地区：该品种符合国家小麦品种审定标准，通过审定。适宜黄淮冬麦区南片的河南中北部、安徽北部、江苏北部、陕西关中地区高中水肥地块旱中茬种植。

栽培要点：①播期和播量。播期 10 月 8—20 日，最佳播期 10 月 15 日左右；播量 7~13 kg。②田间管理。平衡施肥，一般全生育期每亩施纯氮 12 kg，后期注意结合天气情况及时防治赤霉病。

12. 丰德存麦 1 号

特征特性：半冬性中晚熟品种，成熟期与对照周麦 18 相当。幼苗半匍匐，叶窄小、稍卷曲，分蘖力强，成穗率偏低。冬季抗寒性较好。春季起身拔节略晚，两极分化快，抗倒春寒能力一般。株高 77 cm，株型松紧适中，旗叶短宽、上冲、浅绿色。茎秆细韧，抗倒性较好。叶功能期长，灌浆慢，熟相好。穗层整齐，结实性一般。穗纺锤形，短芒，白壳，白粒，籽粒半角质，饱满度较好，黑胚率稍偏高。

抗病性鉴定：高感条锈病、叶锈病、白粉病、赤霉病，中感纹枯病。

栽培要点：适宜播种期 10 月上中旬，每亩适宜基本苗 14 万~20 万苗。注意防治白粉病、叶锈病和赤霉病。

13. 郑麦 366

特征特性：半冬性多穗型强筋小麦品种，全生育期 230 d。幼苗半匍匐，叶色深绿，苗期长势旺，抗寒性较好，幼苗起身快，分蘖力中等，成穗率较高，遇"倒春寒"不育小穗增多；株型紧凑，株高 70 cm，叶片宽短上举，抗倒性好；穗层整齐，落黄一般，后期有早衰现象；长方形穗，大穗中粒，籽粒角质。

抗病性鉴定：2003—2005 年经河南省农科院植保所两年成株期综合抗性鉴定和接种鉴定：高抗条锈病，中抗叶锈、叶枯病，中感纹枯、白粉病。

栽培要点：播期以 10 月 10—25 日为宜；亩播种量 6～8 kg，基本苗以每亩 12 万～15 万苗为宜，晚播可适当增加播量；基肥应本着重施氮肥、搭配钾肥、适当减少磷肥的原则。一般亩施农家肥 3～4 m³，尿素 12～15 kg，磷酸二铵 20～25 kg，氯化钾 6～10 kg。追肥应本着"前氮后移"的原则，不施返青肥，拔节到孕穗阶段亩施尿素 15 kg，在灌浆初期叶面喷施速效氮肥有利于品质的提高；抽穗灌浆期结合"一喷三防"，注意防治穗蚜。

14. 中麦 895

特征特性：半冬性多穗型中晚熟品种，成熟期与对照周麦 18 同期。幼苗半匍匐，长势壮，叶宽直挺，叶色黄绿，分蘖力强，成穗率中等，亩成穗数较多，冬季抗寒性中等。起身拔节早，两极分化快，抽穗迟，抗倒春寒能力中等。株高平均 73 cm，株型紧凑，长相清秀，株行间透光性好，旗叶较宽，上冲。茎秆弹性中等，抗倒性中等。叶功能期长，耐后期高温能力好，灌浆速度快，成熟落黄好。前中期对肥水较敏感，肥力偏低的试点成穗数少。穗层较整齐，结实性一般。穗纺锤型，长芒，白壳，白粒，半角质，饱满度好，黑胚率高。2011 年、2012 年区域试验平均亩成穗数 45.2 万穗、43.4 万穗，穗粒数 29.8 粒、29.7 粒，千粒重 47.1 克、45.8 克。

抗病性鉴定：中感叶锈病，高感条锈病、白粉病、纹枯病和赤霉病。

混合样测定：籽粒容重 814 克/L、814 克/升，蛋白质含量 14.27%、14.93%，硬度指数 65.7、62.0。面粉湿面筋含量 31.7%、33.8%，沉降值 30.3 mL、31.7 mL，吸水率 60.5%、58.8%，面团稳定时间 4.2 min、4 min，最大拉伸阻力 146E. U、195E. U，延伸性 158 mm、165 mm，拉伸面积 35 cm²、47 cm²。

产量表现：2010—2011 年度参加黄淮冬麦区南片冬水组区域试验，平均亩产 587.8 kg，比对照周麦 18 增产 5.1%；2011—2012 年度续试，平均亩产 506.2 kg，比周麦 18 增产 4.4%；2011—2012 年度生产试验，平均亩产 510.9 kg，比周麦 18 增产 4.3%。

栽培要点：①10 月上中旬播种，亩基本苗 12 万～18 万苗。②重施基肥，以农家肥为主，耕地前施入深翻；入冬时浇好越冬水，返青至拔节期适当控水控肥。③注意防治蚜虫、条锈病、白粉病、纹枯病、赤霉病等病虫害。

15. 济宁 12 号

亲本来源：母本 82610/父本 775-1。

特征特性：半冬性品种，抗寒性好，幼苗匍匐。株高 80 cm，穗纺锤型、长芒、白壳、白粒、籽粒角质。分蘖成穗率高、中早熟、熟相好、抗干热风。该品种高抗条锈、中抗白粉病、抗蚜虫、抗干热风、抗青干、熟相好、落黄好、耐湿性好、抗盐碱，具有很强的适应性。

品质鉴定：蛋白质含量 15.03％，湿面筋含量 30.5％，沉淀值 38 mL，面团稳定时间 12.2 min，容重一般 810 g/L。适于加工优质面条、方便面等食品。

栽培要点：该品种适于鲁南、鲁西南地区、豫东、苏北、皖北的中高肥水和高肥水地块种植。适宜播期 10 月 5—25 日，适宜播期内，基本苗以每亩 12 万～16 万苗为宜，晚播可适当增加播量，注意防治白粉病、叶锈病和赤霉病。

16. 济宁 13 号

亲本来源：母本烟 1934/82(4)046/父本聊 83－1/2114。

特征特性：半冬性品种。分蘖力中等，成穗率稍低。

抗病性鉴定：高抗条锈病和叶枯病，中抗叶锈病和白粉病。前期发育快，抽穗开花较早，灌浆高峰早，耐高温抗干热风，叶片功能期长，灌浆时间长，落黄好。株高 83 cm，株型紧凑，茎秆粗壮，高抗倒伏。穗纺锤型、长芒、白壳、白粒、硬质、容重 770 g/L。

栽培要点：该品种适于鲁南、鲁西南地区、豫东、苏北、皖北的中高肥水和高肥水地块种植。适宜播期 10 月 5—25 日，适宜播期内，基本苗以每亩 15 万～20 万苗为宜，并注意及时防治小麦红蜘蛛和蚜虫。

17. 济宁 16 号

亲本来源：母本烟 1934/82(2)046//聊 83－1/2114。

特征特性：半冬性品种，抗寒性好。分蘖力一般，成穗率稍低。株高 78 cm，早熟。穗长方形，长芒，白粒，硬质琥珀色，粒饱满，容重 790～830 g/L。株型紧凑，抗倒性强，高抗条锈病、白粉病、秆锈病、赤霉病和叶锈病。后期高抗干热风，熟相好。

品质鉴定：出粉率 73.8％，面粉白度 95.62，蛋白质（干基）含量 15.54％，吸水率 63.2％，湿面筋含量 34.1％，沉降值 47.5 mL，面团形成时间 10.0 min，面团稳定时间 11.8 min，弱化度 29B.U，最大抗延阻力 646E.U，面包评分 85 分，面条评分 91 分。可用于加工普通面包和高档面条等面食。

栽培要点：适于鲁中、鲁西南和鲁南地区以及苏、皖北部和豫东地区的中、晚茬麦田中上等肥水或高肥水地块种植。适宜播期 10 月 5—25 日，适宜播期内，基本苗以每亩 15 万～20 万苗为宜，并注意及时防治小麦蚜虫，其他栽培措施同一般大田生产。

18. 儒麦 1 号

亲本来源：母本济宁 16/父本临麦 2 号。

特征特性：冬性品种，抗寒性好。幼苗近匍匐，分蘖力中等，成穗率稍低，株高 79 cm，株型稍紧凑，茎秆弹性好，高抗倒伏。

抗病性鉴定：中抗条锈病和叶锈病，中抗白粉病，叶枯病偏重；高抗青干，熟相好。长方穗型，长芒，白壳，白粒，粒长卵型，半硬质，籽粒饱满，容重 810 g/L，籽外观商品性好。

品质鉴定：籽粒蛋白质含量 13.4%，湿面筋含量 33.9%，沉淀值 26.4 mL，面粉吸水率 59.4%，面团稳定时间 3.3 min，出粉率 67.6%，属中筋品种。

栽培要点：适于山东省高肥水或中高肥水地块种植，也可在苏北、皖北和豫东地区试验示范。该品种高抗倒伏，适宜播期为 10 月 5—25 日，适宜基本苗每亩 15 万～20 万苗，抽穗后及时做好叶病、蚜虫、吸浆虫和赤霉病的防治工作，一般要进行"一喷多防"，必要时进行针对性防治。

19. 济儒麦 19

亲本来源：千禾麦 17 与良星 66。

特征特性：半冬性，幼苗半匍匐，株型半紧凑，叶色中绿，叶片上冲，茎秆弹性好，高抗倒伏，落黄好。株高 78～80 cm，分蘖成穗率高；穗长方形，穗粒数 33～37 粒，千粒重 46～48 g，容重 810 g/L；长芒、白壳、白粒，籽粒硬质，饱满。综合抗病性好，抗寒性好。

品质鉴定：籽粒蛋白质含量 14.3%，湿面筋 37.1%，沉淀值 32 mL，吸水量 63.8 mL/100 g，稳定时间 3.43 min，面粉白度 72.1。

栽培要点：适宜播期为 10 月 5—20 日，基本苗每亩 15 万～18 万苗，注意浇好孕穗灌浆水；抽穗期至开花后重点抓好病虫害防治，其他管理同一般大田。

20. 济儒麦 20

亲本来源：丰收 60/小偃 54/烟辐 188

特征特性：半冬性，中熟品种。幼苗半匍匐，株型紧凑，叶色深绿，叶姿挺拔，旗叶窄短上冲、与茎秆夹角小，群体透光性好，抗倒伏能力强，熟相好。株高 83 cm，有效穗数 45.5 万苗/亩，成穗率 42.1%，穗纺锤形，长芒、白壳白粒、籽粒角质；穗粒数 39.8 粒，千粒重 40.1 g；2022 年经中国农业科学院植物保护研究所接种鉴定，该品种高抗条锈病、叶锈病，中感纹枯病。经农业部谷物品质监督检验测试中心（泰安）测试结果（平均）：籽粒蛋白质含量 13.4%，湿面筋

32.5%，沉淀值 32 mL，吸水量 59.4 mL/100g，稳定时间 4.7 min，面粉白度 73.0，容重 824 g/L。

栽培技术要点：济儒麦 20 适宜在山东省中高肥地块种植，最佳播期在 10 月 10—20 日，基本苗 15 万～18 万苗/亩，10 月下旬播种基本苗加大到 25 万苗/亩。一般地块可在起身期浇水施肥，高产田可以推迟到拔节期或拔节后 3～5 天结合追肥浇水。开花期注意防止蚜虫和病害，病虫害同时发生时可以将杀菌剂和杀虫剂混合喷施，同时达到杀虫和防病的效果。

第二章　冬小麦的生物学特性

第一节　小麦的植物学特性

一、小麦的一生

（一）小麦的阶段发育

小麦从种子萌发到成熟的一生中，必须经过几个循序渐进的质变阶段，才能开花结实，完成生活周期。这种阶段性质变的过程称为小麦的阶段发育，包括春化阶段和光照阶段。

1. 春化阶段

在适宜的外界环境条件下，萌动的种子必须经过一定时间和程度的低温过程才能正常抽穗、结实。如果一直处在较高的温度条件下，则一直处于扎根、长叶和分蘖状态的营养生长阶段，不能形成结实器官。小麦的这种以低温为主导因素的发育阶段就称为春化阶段或感温阶段。

根据不同小麦品种通过春化阶段对温度要求的高低及持续时间的长短不同，把其分为 3 种类型。一是冬性品种。这类品种对低温要求严格，需在 0～3 ℃下 35 d 以上才能通过春化阶段。不通过春化处理则不能抽穗、结实。二是春性品种。这类品种对低温要求不严格，一般在 0～12 ℃，经过 5～15 d 即可通过春化阶段，但不经低温春化也能正常抽穗。三是半冬性品种。这类品种对低温的要求介于冬性品种与春性品种之间，通过春化阶段要求的温度为 0～7 ℃，时间为 15～35 d。不通过春化处理，春播时不能抽穗或抽穗不整齐。

2. 光照阶段

小麦通过春化阶段以后，在适宜的温度、水分、养料、空气等综合外界环境条件下，其幼苗的茎生长点对每天的光照时数和光照持续日数的多少反应特别敏感，光照时数较少或光照持续日数不足，不能抽穗、结实；反之，则可加速抽穗、结实。这种以光照为主导因素的发育阶段就称为光照阶段或感光阶段。

根据小麦品种通过光照阶段对每日光照时间长短及光照持续日数的要求，把其分为三种类型。一是反应敏感型品种。每日光照时数 12 h 以上、持续 30～40 d 才能通过光照阶段。冬性品种和北方春播的春性品种属于这种类型。二是反应中等型品种。每日光照时数 12 h、持续 25 d 左右才通过光照阶段。在每日 8 h 光照条件下，不能正常抽穗、结实。半冬性品种大多属于此类。三是反应迟钝型品种。每日 8～12 h 光照，经 16 d 左右即可通过光照阶段而抽穗。一般南方麦区的春性品种属于此类。

（二）阶段发育与器官形成的关系

小麦阶段性的质变是器官形成的基础，即每一器官的形成必须在一定的阶段发育基础上才能实现。当麦苗未通过春化阶段，茎生长锥的分生组织主要分化叶片、茎节、分蘖和次生根等营养器官；小麦穗分化达二棱期，春化阶段结束，进入光照阶段。过去认为到雌雄蕊原基形成时，光照阶段结束，但近年的研究表明，拔节到开花阶段小麦对光周期的反应仍然存在。春化阶段是决定叶片、茎节、分蘖和次生根数多少的时期，光照阶段是决定小穗数多少的时期。春化阶段较长的冬性小麦的叶片和分蘖数多于春化阶段短的春性小麦。延长春化阶段可增加分蘖数；延长光照阶段有利于增加小穗数和小花数，从而形成大穗。

（三）阶段发育理论在小麦生产中的应用

了解小麦阶段发育特性，有助于正确地引种和运用栽培措施。如果南方引种北方品种，因南方温度高、日照时间短，而表现发育迟缓，常迟熟；南方品种北移，由于北方温度低、日照较长，一般表现发育早，冻害严重。因此，必须从纬度、海拔和气候条件比较接近的地区引种。就栽培而言，应根据品种的阶段发育特性，综合考虑品种布局、适宜的播种期和播种密度，以避免冻害，建立合理的群体结构。例如，秋种时应先播种冬性品种，后播种半冬性品种；冬性品种的春化阶段较长，分蘖力强，基本苗应适当少些。

二、小麦的器官

（一）根

1. 根系的形成与分布

小麦的根系为须根系，由初生根群和次生根群组成。初生根由种子生出，又叫"子根"或"胚根"。当种子萌发时，从胚的基部首先长出一条主胚根，继之长出一对或两对或更多的侧胚根。当第一片绿叶展开后，初生根停止发生，其数目一般为 3～5 条，多者可达 7～8 条，根细而坚韧，有分枝，倾向于垂直向下生长，入土较深，冬小麦可深达 3 m 以上，春小麦也可达 1.5～2 m。次生根着生于分蘖节上，又称"节根"，伴随分蘖的发生，在主茎分蘖节上，自下而上逐节发根，每节发根数 1～3 条。分蘖形成后也依此模式长出自己的次生根。一般开花期次生根数达最大值，每株有 20～70 条，高者可达 100 条以上。次生根比初生根粗壮，且多分枝和根毛，下伸角度大，入土较浅，绝大部分（80%以上）分布于 0～40 cm 土层内。

2. 根系的功能

在植株生长过程中，根系与地上部不断进行物质和信息的交流与联系。小麦根可以从土壤中吸取水分和养分，并运送到茎叶中，进行体内有机物质的合成和转化，源源不断地供给小麦生长发育的需要。

3. 影响根系生长的因素

小麦根系生长对土壤水分的反应敏感，最适宜的土壤水分含量为田间持水量的 70%～80%，根系生长的最适温度为 16～22 ℃。土壤适度干旱、氮肥适宜、增施磷肥、适期早播、良好的耕作等均能促进根系的良好发育。

（二）茎

1. 茎的生长

茎由茎节和节间组成。茎节数与单茎总叶数相同，是茎生长锥开始幼穗分化之前，在分化叶原基的过程中同时分化形成的。茎节分地下节和地上节。地下 3～8 节，节间不伸长，密集而成分蘖节，地上 4～6 节，节间伸长（多为 5 个伸长节间），形成茎秆。茎秆节间的伸长始于穗分化的二棱期至小花分化期，按节位自下而上顺序伸长，每个节间的伸长速度均表现"慢—快—慢"的规律，相邻两个节间有快慢重叠的共伸期，如第一节间快速伸长期正是第二节间缓慢伸长期，也是第三节间伸长结束时期，茎高或株高固定下来。伴随茎秆伸长，茎秆的干重也不断增加。开花前茎秆伸长量与干重增长量均呈"S"形增长，但干重的增长延续到开花后，通常在籽粒进入快速灌浆期前后茎秆干重达最大值，此后由于茎秆贮藏物质向穗部运转，干重下降。

2. 茎秆特性与穗部生产力和抗倒伏力

茎秆不仅作为同化物运输器官，而且作为同化物暂贮器官，对产量形成起重要作用。据观察，基部节间大维管束数与分化的小穗数呈显著正相关关系。穗下节间大维管束数与分化的小穗数呈显著正相关关系。穗下节间大维管束数与分化小穗数约为 1∶1 的对应关系。在茎秆干重最大时，茎秆中贮存的非结构性糖类可达干重的 40%以上，其中主要是果聚糖。当生育后期叶片光合能力下降时或干旱、高温等环境胁迫下，茎秆中贮存物质快速分解和运转可支持籽粒灌浆。

3. 影响茎秆生长的因素

茎秆生长除受品种特性制约外，受外界环境的影响也很大，茎秆一般在 10 ℃以上开始伸长，12～16 ℃形成的茎秆较粗壮，高于 20 ℃则易徒长，茎秆细弱。强光对节间伸长有抑制作用。拔节期群体过大，田间郁闭，通风透光不良，常引起基部节间发育不良而倒伏。充足的水分和氮素促进节间伸长，磷素和钾素能促使茎壁加厚增粗。干旱条件下节间伸长受到抑制，高产麦田在拔节前控水蹲苗有利于防倒伏。

(三)叶

1. 叶的建成与衰老

小麦的完全叶由叶片、叶鞘、叶耳和叶舌组成。叶片与叶鞘的连接处为叶枕。叶的建成历经分化、伸长和定型过程。除幼苗 1～3(或 4)叶是在种子胚中早已分化外，其余叶均由生长锥分化形成。分化出的叶原基不断进行细胞分裂和组织分化，并通过伸长过程扩大体积。叶的伸长由叶尖开始，先叶片伸长，后叶鞘伸长。叶片伸长初期呈锥状体，称为心叶，心叶继续伸长并逐渐展开，从叶片开始伸长到完全展开定型(叶耳露出前—叶叶鞘)为叶片伸长期，从叶片定型到衰枯前为叶片功能期。在此期间叶片光合作用旺盛，有较多的光合产物输出，功能期的长短因品种、叶位、气候以及栽培条件而异。

2. 叶片分组及其功能

小麦一生中由主茎长出的叶片总数既受品种遗传特性的影响，又受温光等环境条件的制约，因此，可把主茎叶片数分为遗传决定的基本叶数和环境影响的可变叶数两部分，不同生态型品种主茎叶片数有较大不同。

3. 小麦主茎叶片

小麦主茎叶片是在植株生长发育过程中陆续发生的，其发生的时间、着生的位置及其功能均有所不同，一般分为两个功能叶组。

(1)近根叶组。着生于分蘖节，叶片数的多少主要由品种的温光特性、播期早晚及栽培条件所决定。其功能期主要在拔节前，其光合产物主要供应根、分蘖、中下部叶片的生长及早期幼穗发育的需要。一般到抽穗开花期已枯死，对籽粒生长不起直接作用。

(2)茎生叶组。着生于伸长茎秆的节上，叶数 4～6 片，多为 4 片。其功能主要是供给茎、穗和籽粒生长所需的营养。旗叶和倒二叶是籽粒灌浆物质的重要制造者，特别是旗叶，其叶肉细胞呈多环结构，叶绿体基粒片层发达，光合效率高。

（四）分蘖规律与成穗

1. 分蘖规律

小麦的分蘖是发生在地下不伸长的茎节上的分枝，发生分蘖的地下节群紧缩在一起，称分蘖节。幼苗时期，分蘖节不断分化出叶片、蘖芽和次生根。分蘖芽的顶端生长锥同样可分化出叶片和次一级的蘖芽和次生根。分蘖节内布满了大量的维管束，联络着根系、主茎和分蘖，成为整个植株的输导枢纽。分蘖节内还储藏有营养物质，冬小麦越冬期间，分蘖节中储藏的糖类使分蘖节具有高度抗寒力，即使已长出的叶片全部冻枯，只要分蘖节保持完好，春季仍能恢复生机。

分蘖的发生与主茎叶片的出现有一定的对应关系，称为同伸关系：当小麦长出 3 片真叶时，由胚芽鞘中伸出胚芽鞘分蘖，这是主茎上最先发生的分蘖，但该蘖发生与否，取决于品种和栽培条件。当主茎伸出第四叶时，主茎第一叶的叶鞘中长出主茎节位的第一分蘖。以后主茎每出现 1 片叶，即沿主茎出蘖节位由下向上顺序伸出各个分蘖，其出蘖位与主茎出叶数呈 $n-3$ 的对应关系。同样，每个分蘖在伸出 3 片叶时，也能像主茎一样，长出第一个次级分蘖，这个次级分蘖是由分蘖鞘腋长出的。当主茎长出第六片叶时，一级分蘖已达 3 叶龄，在其蘖鞘也同时伸出第一个二级分蘖，这种同伸关系是一种理论模式，与田间实际出蘖情况并不一定完全吻合。当水肥不足、栽培技术不当时，同伸关系被破坏，甚至形成缺位现象，如播种过深时，一级分蘖常不出现。

小麦分蘖有二次高峰。第一次在冬前，一般在 10 月下旬进入第一次分蘖高峰，历时约 20 d；第二次高峰在第二年返青后至起身期。小麦起身后，分蘖逐渐停止，并出现两极分化，大的、壮的分蘖成穗，小的、弱的逐渐枯萎。

2. 分蘖成穗

北方冬麦区，正常播期条件下，出苗后 15～20 d 开始分蘖，以后随主茎叶片数的增加，分蘖不断增加，形成冬前分蘖高峰。越冬期间分蘖停止生长，黄淮冬麦区在冬暖年份仍有少量分蘖增加。翌春，当温度上升到 3 ℃以上时，春季分蘖开始；当气温升至 10 ℃以上时，春蘖大量发生，形成春季分蘖高峰。晚播冬小麦冬前无分蘖或分蘖少，只有春季分蘖高峰。南方冬麦区及春小麦也只有一个分蘖高峰。

无论冬、春小麦，通常在主茎开始拔节前，全田总茎数（包括主茎和分蘖）达最大值。此后，由于小麦植株代谢中心的转移及蘖位的差别，分蘖开始两极分化，小分蘖逐渐衰亡，变为无效蘖，早生的低位大分蘖易发育成穗，成为有效蘖。分蘖衰亡表现出"迟到早退"的特点，即晚出现的分蘖先衰亡。拔节至孕穗期是无效蘖集中衰亡的时期。

个体和群体中分蘖成穗的比例，因植株的生长发育状况、群体环境条件不同而有很大差异。从植株本身看，通常只有那些在拔节时有足够的光合面积和自身根系，能够保证独立生长以至拔节、抽穗的分蘖，才能成为有效分蘖。因此，冬前发生的低位早蘖，容易成穗，而冬前晚出分蘖和春生分蘖成穗率低。从外部环境看，分蘖的受光状况对成穗率有很大影响，播种太多、群体过大、田间郁闭、光照不足，常导致成穗率显著下降。

（五）穗

1. 穗的结构

小麦花序为复穗状花序，由穗轴和小穗两部分组成。穗轴由节片构成，每节片着生一枚小穗。小穗互生，每个小穗由一个小穗轴、两片颖片和若干小花构成。一般每小穗有小花 3～9 朵，但通常仅有 2～3 朵小花结实。一个发育完全的小花包括 1 片外稃、1 片内稃、3 枚雄蕊、1 枚雌蕊和 2 枚鳞片。有芒品种外稃着生芒。颖片、内外稃和芒均含有绿色组织和气孔，能进行光合作用，穗光合产物对籽粒产量的贡献为 10％～40％，依赖于品种和环境条件。

2. 穗的分化与形成

幼穗发育的质量与分蘖能否成穗以及穗子大小、结实多少等有直接的关系。研究幼穗的分化发育规律，不仅要了解幼穗分化的进程，更重要的是揭示出幼穗分化的内在质变与外部形态特征间的相关性，以便能采取有效措施，实现穗多粒多之目的。小麦幼穗分化的进程可按不同器官的分化特点划分为 8 个时期：生长锥伸长期、单棱期（穗轴分化期）、二棱期（小穗原基分化期）、护颖原基分化期、小花原基分化期、雌雄蕊原基分化期、药隔形成期、四分体形成期。

我国不同麦区自然生态条件和品种生态类型不同，麦穗分化的起止时期与长度各有不同。主茎穗与分蘖穗分化进程也不相同，主茎穗分化时期与速度较为接近，分蘖穗分化开始晚，经历时间短，但分蘖穗发育快，在穗分化前期、中期（拔节前）都有分蘖赶主茎的趋势。同级分蘖之间一般相邻分蘖分化期相差一期。进入小花分化后，大田穗群分化趋于一致，此时正值拔节期。一穗内小穗小花分化发育进程也有所不同。

3. 小穗、小花的退化

凡分化得晚的小穗或小花易不孕或退化。所以，不孕小穗出现在穗的基部和顶部，且基部小穗不孕的可能性大于上部。同一小穗上，上部小花退化多，同一穗子上，基部和顶部的小花退化多。小花退化的原因：第一，小花退化是小麦本身的生物学特性之一，是小麦长期对环境条件适应的结果；第二，发育时间不足也是小麦小花退化的内在因素之一；第三，有机物质供应不足也是小花退化的内在因素；第四，不良环境条件，如温度过高或过低、土壤干旱、光照不足和营养元素缺乏等亦导致大量小花退化。

4. 影响穗分化的因素

影响穗分化的因素有光照、温度、土壤水分、矿质营养、有机营养。长日照可加速光照阶段的通过和幼穗分化的进程。在小麦栽培中，适期播种可保证幼穗分化在较短的日照条件下进行，从而延长穗分化的时间，增加小穗数和小花数；温度首先影响幼穗分化开始的时间，其次，温度影响幼穗分化的进程；干旱加快穗分化速度，缩短穗分化时间，使穗短而粒少，特别是药隔形成期至四分体形成期，是小麦对水反应最敏感时期（需水临界期），必须保证足够的水分供给；氮素充足可增加小花分化数，药隔形成期施肥可减少退化小花数。但在高产条件下，不适当地增加氮肥，特别是拔节前施氮过多，常造成茎叶徒长，群体郁闭，光照不足，从而降低小花结实率。

（六）籽粒形成与灌浆

1. 抽穗、开花和受精

麦穗从旗叶鞘中伸出一半时，称为抽穗。抽穗后 3～5 d 开花。开花的顺序是先主茎后分蘖，先中部小穗而后渐及穗的两端，同一小穗则是由基部小花依次向上开。全穗开花持续 3～5 d。开花时，花粉粒落在柱头上，一般经 1～2 h 即可发芽，并在 24～36 h 后完成受精过程。

开花期间是小麦植株新陈代谢最旺盛的阶段，需要大量的能量和营养物质。开花的最低温度为 9～11 ℃，最适温度为 18～20 ℃，最高温度 30 ℃。高于 30 ℃且土壤干旱或有干热风时，影响受精能力而降低结实率。此期对缺水反应敏感，需保持良好的土壤水分条件。最适宜开花的大气湿度为 70%～80%，湿度过大，花粉粒易吸水膨胀破裂。

2. 籽粒形成与灌浆成熟

小麦从开花受精到籽粒成熟，历时 30～40 d，根据此期籽粒内外部的变化可分为三个过程。

（1）籽粒形成过程。从受精"坐脐"开始，历时 10～12 d。籽粒外观由灰白逐渐转为灰绿，胚乳由清水状变为清乳状。

（2）籽粒灌浆过程。从"多半仁"开始，到蜡熟前结束，历经乳熟期和面团期。

乳熟期历时 12～18 d，籽粒外观由灰绿变为鲜绿继而转为绿黄色，表面有光泽。面团期历时约 3 d，籽粒含水率下降到 38%～40%，干物质增加转慢，籽粒表面由绿黄色变为黄绿色，失去光泽，胚乳呈面筋状，体积开始缩减。此期是穗鲜重最大的时期。

（3）籽粒成熟过程。籽粒成熟包括两个时期。一是蜡熟期，历时 3～7 d，籽粒含水率由 38%～40% 急剧降至 20%～22%，籽粒由黄绿色变为黄色，胚乳由面筋状变为蜡质状。叶片大部或全部枯黄，穗下节间呈金黄色。蜡熟末期籽粒干重达最大值，是生理成熟期，也是收获适期。二是完熟期，籽粒含水率继续下降到 20% 以下，干物质停止积累，体积缩小，籽粒变硬，不能用指甲掐断，即为"硬仁"。此期时间短，如果在此期收获，不仅容易断穗落粒，而且由于呼吸消耗，籽粒干重下降。

3. 熟相与粒重

小麦熟相指开花至成熟期间营养器官的形态与色相，它是生育后期植株整体功能的外在表现，与粒重有密切的关系，通常作为品种选择和栽培调控的重要依据。综合各地的研究结果，小麦熟相可分为正常落黄、早衰和贪青三种类型，不同熟相间粒重差异显著，表现为正常落黄型的粒重高于早衰型和贪青型。

4. 影响籽粒生长的环境因素

（1）温度。小麦籽粒形成和灌浆的最适温度为 20～22 ℃，高于 25 ℃ 和低于 12 ℃ 均不利开灌浆。在适温范围内随温度升高，灌浆强度增大，但高于 25 ℃ 时，会促进茎叶早衰，显著缩短灌浆持续时间，粒重降低。黄淮冬麦区小麦生育后期常受到干热风危害，造成青枯逼熟，粒重下降。在灌浆期间白天温度适宜，昼夜温差大，有利于增加粒重。

（2）光照。光照不足影响光合作用，并阻碍光合产物向籽粒中转移。籽粒形成期光照不足减少胚乳细胞数目，灌浆期光照不足降低灌浆强度，影响胚乳细胞充实，均会导致粒重下降。群体过大，中、下部叶片受光不足也影响粒重的提高。

（3）土壤水分。籽粒生长期适宜的土壤水分含量为田间持水量的 70% 左右，过多过少均影响根、叶功能，不利于灌浆。一般应在籽粒形成和灌浆前期保持较充足的水分供给，但在灌浆后期维持土壤有效水分的下限，可加速茎叶贮藏物质向籽粒运转，促进正常落黄，有利于提高粒重。

（4）矿质营养。后期适当地供给氮素，有利于维持叶片光合功能。但供氮过多，会过分加强叶的合成作用，抑制水解作用，影响有机养分向籽粒输送，造成贪青晚熟，降低粒重。磷、钾营养充足可促进物质转化，提高籽粒灌浆强度，因此后期根外喷施磷、钾肥有利于增加粒重。

三、小麦的产量构成

小麦的经济产量是由单位面积穗数、每穗粒数和粒重等三个因素构成的。生产实践表明，小麦由低产到高产过程中，增加单位面积穗数是增加产量的首要因素。高产条件下，增产的关键是提高单穗生产力，即穗粒重。穗粒重是穗数与粒重的乘积，二者有一定程度的正相关关系，即在一定范围内可同步提高。

1. 穗数

穗数多少取决于基本苗数、单株分蘖数和分蘖成穗率。对穗数的调控有三条途径。一是确定合理的基本苗数，即适宜的播种量。二是培育壮苗，促进分蘖总量的增加。分蘖总量标志着穗数的可能潜力，小麦总茎数由冬前分蘖数和春季分蘖数构成，其中以冬前总茎数最重要。三是提高分蘖成穗率。主要通过起身拔节期的肥水调控措施，促进小的无效分蘖死亡，并促进中等分蘖成穗。

2. 穗粒数

穗粒数决定于小穗的分化数、小花的分化数和结实率。提高穗粒数有三条途径。一是促花途径，即促进小花分化。要求在穗分化的早期，即冬小麦返青到起身期肥水促进。二是保花途径，即减少退化小花数。要求在穗分化的中期和后期，即冬小麦拔节期前后和孕穗期前后，加强肥水管理，减少退化小花，提高小花结实率。三是综合前二者的促花、保花途径。一般来说，在群体较小时选择第一途径，在群体较大时选择第二途径，在群体适宜时选择第三途径。高产田以第二条保花途径最为重要和稳妥。

3. 粒重

开花至成熟期是决定每穗粒数和粒重的主要时期，粒重的形成涉及三方面：一是籽粒干物质的来源及运输，二是积累干物质的容积，三是已积累物质的消耗。因此，抽穗开花期适宜的水分调控、病虫害防治及适当的化控措施，有利于防止叶片早衰，促进后期光合产物向籽粒运转，提高粒重。

第二节　生长的生态气候条件

土壤、水分、养分、温度、光照和空气是小麦生长发育必需的环境条件。要取得小麦高产，一方面应因地制宜地选用优良品种，另一方面要通过田间管理创造适宜小麦生长发育的环境条件。

一、土壤

小麦依赖土壤供给其养分、水分、氧气、部分二氧化碳等，所以土壤对小麦产量有着直接影响。最适宜小麦生长的土壤应该具备以下特点。

1. 土层深厚，结构良好

土层深厚意味着耕作层要深，底土层要厚，1 m 以内无障碍层。据研究，小麦根系 90% 主要分布在 0～40 cm 的土层内。耕层浅时，根系不发达，根量少，产量低。从土壤质地来说，沙土、壤土和黏土均可种植小麦，但小麦生长一般以壤土或黏壤土较为适宜，而以上轻下重的中壤土为最好。麦田耕层土壤容重以 1.1～1.3 g/cm³ 为宜，要求土壤总孔隙度为 49%～57%，固、液、气三相比为 50∶30∶20，且具团粒结构。

2. 土壤养分含量丰富

土壤养分含量包括土壤有机质含量和无机养分含量。土壤有机质是小麦所需养分的主要来源。由于栽培技术和土壤属性不同，各地土壤有机质含量亦不同，沙土低于壤土和黏土。高产条件下，沙土有机质含量为 1%，壤土在 1%～1.5%，黏土在 1.5% 以上。土壤无机养分含量高低常用全氮和速效氮、磷、钾含量来衡量。高产田全氮含量应为 0.1% 左右，速效氮、磷、钾含量分别为 50～80 mg/kg、30 mg/kg、80～150 mg/kg。此外，肥沃的麦田还应具有大量的硝化细菌、氨化细菌、固氮菌等有益的微生物，以促进有机质分解，加速土壤熟化过程。

3. 土壤酸碱度和含盐量适中

小麦可在弱酸性(pH 值为 6.0～6.3)或弱碱性(pH 值为 7.5～8.5)的土壤上生长发育，但以在中性(pH 值为 6.8～7.0)土壤上的发育状况为最好。土壤含盐量对小麦生长发育有重大影响：含盐量高于 0.25%，小麦生长受到抑制；高于 0.4%，小麦逐渐死亡。

4. 土壤环境条件好

一般要求土地平整，井渠机械配套，地下水埋较深。

二、水分

小麦是需水多的作物。小麦的需水量为不限制小麦生长发育条件下田间健壮植株的蒸散量，包括田间植株蒸腾和株间蒸发的总和。小麦从播种到收获整个生育期间对水分的消耗量为小麦的耗水量。小麦一生中总耗水量为 400～600 mm（每亩 266.7～400 m³）。小麦耗水量，包括植株叶面蒸腾、棵间土壤蒸发和渗漏损失，其中叶面蒸腾占总耗水量的 60%～70%，棵间蒸发占总耗水量的 30%～40%。

小麦不同生育时期的耗水量与气候条件、冬春麦类型、栽培管理条件及产量水平有密切关系。一般冬小麦出苗后，随着气温降低，日耗水量下降，播种至越冬期耗水量占全生育期的 15% 左右。入冬后，气温降低，生理活动缓慢，耗水量进一步减少，越冬至返青阶段耗水量只占总耗水量的 6%～8%，耗水强度在每天每亩 0.67 m³ 左右。返青至拔节期，随气温升高，小麦生长发育加快，耗水量随之增加，耗水强度在每天每亩 0.67～1.33 m³，耗水量占全生育期的 15% 左右。由于植株小，棵间蒸发占阶段耗水量的 30%～60%。拔节以后，小麦进入旺盛生长期，耗水量急剧增加，并由棵间蒸发转为植株蒸腾为主，植株蒸腾占阶段耗水量的 90% 以上，耗水强度达每天每亩 2.67 m³ 以上，拔节到抽穗 1 个月左右时间内，耗水量占全生育期的 25%～30%。抽穗前后，小麦茎叶迅速伸展，绿色面积和耗水强度均达一生最大值，一般耗水强度在每天每亩 3 m² 以上。抽穗到成熟的 35～40 d 内，耗水量占全生育期的 35%～40%。春小麦一生耗水特点与冬小麦基本相同，在拔节前 0～50 d 内（占全生育期的 40%～50%），耗水量仅占全生育期的 22%～25%，拔节到抽穗的 20 d 内耗水量占 25%～29%，抽穗到成熟的 40～50 d 内耗水量约占 50%。

三、养分

1. 小麦必需营养元素及生理作用

小麦一生中需要 16 种营养元素，其中碳、氢、氧、氮、磷、钾、钙、镁、硫被称为大量元素，铁、锰、硼、锌、铜、钼、氯为微量元素。碳、氢、氧来自空中或水中，不通过根系从土壤中吸收。氮、磷、钾、钙、镁、硫及微量元素等均必须通过补肥才可以满足小麦所需。这 16 种营养元素对小麦生长发育有不同的作用：氮素能够促进小麦茎叶和分蘖的生长，增加植株绿色面积，增强光合作用和营养物质的积累；磷素可以促进根系的发育，促使早分蘖，提高小麦抗旱、抗寒能力，还能加快灌浆过程，使小麦粒多、粒饱，提早成熟；钾素能提高小麦抗寒、抗旱和抗病能力，促进茎秆粗壮，提高抗倒伏能力，提高小麦的品质；钙是植株细胞的组成部分之一，缺钙会使根系生长停止；缺镁造成植株矮小，老叶叶脉间首先变黄，呈现出明显的缺绿症；缺硫植株矮小，叶片黄萎，成熟期延迟，产量降低；缺铁会使叶片失绿；缺锰叶绿体结构破坏，叶细长且布满不规则斑点，老叶呈现灰色、浅黄色或褐色；缺硼会使生殖器官发育受阻；缺锌、铜、钼则植株矮小、白化甚至死亡。

2. 小麦需肥规律

研究表明，随着小麦产量水平的提高，小麦对氮、磷、钾吸收总量相应增加。每生产 100 kg 籽粒，需氮(N)(3.1 ± 1.1)kg、磷(P_2O_3)(1.1 ± 0.3)kg、钾(K_2O)(3.2 ± 0.6)kg，三者的比例约为 $2.8:1:3.0$。但随着产量水平的提高，每生产 100 kg 籽粒，氮的吸收量减少，钾的吸收量增加，磷的吸收量基本稳定。

四、温度

小麦的生长发育在不同阶段有不同的适宜温度范围。小麦根系生长的最适温度为 16～20 ℃，最低温度为 2 ℃，超过 30 ℃ 则受到抑制。温度是影响小麦分蘖生长的重要因素，在 2～4 ℃时开始分蘖生长，最适温度为 13～18 ℃，高于 18 ℃分蘖生长减慢。小麦茎秆一般在 10 ℃ 以上开始伸长，在 12～16 ℃形成短矮粗壮的茎，高于 20 ℃易徒长，茎秆软弱，容易倒伏。小麦灌浆期的适宜温度为 20～22 ℃，如干热风多，日平均温度高于 25 ℃，因失水过快，灌浆过程缩短，籽粒重量降低。

五、光照

光照充足能促进新器官的形成，使分蘖增多；从拔节到抽穗期间，日照时间长，就可以正常地抽穗、开花；开花、灌浆期间，充足的光照能保证小麦正常开花授粉，促进灌浆成熟。

第三节　冬小麦的生育周期

一、冬小麦生育周期的划分

小麦从播种到成熟的一生中，在形态特征、生理特征等方面发生了一系列变化，人们常根据器官形成的顺序和明显的外部特征，将小麦的一生划分为若干生育时期。通常将小麦生育期划分为播种出苗期、三叶期、分蘖期、起身期(生物学拔节)、拔节期(农艺拔节)、孕穗期、抽穗期、开花期、灌浆和成熟期等生育时期，有明显越冬期的冬小麦还有越冬期和返青期。

二、冬小麦各个生育周期及各个时期经历时间

(一)出苗期

小麦播种后第一真叶露出地表 2～3 cm 为出苗标准，田间有 10％以上的幼苗达到出苗标准时为出苗始期，田间有 50％以上的幼苗达到出苗标准时为出苗期。此期经历时间 6～7 d。

小麦出苗的快慢与好坏，除受种子质量、品种特性等影响外，还受温度、水分、播种深度、土壤空气和整地质量等因素影响。

1. 温度对小麦出苗的影响

小麦种子出苗需要一定的温度。在一定温度范围内，温度越高，吸水越快，酶的活性越强，物质和能量的转化就越快，因而种子发芽也越快。小麦种子发芽的最低温度为 1～2 ℃，最适宜温度为 15～20 ℃，最高温度为 35～40 ℃。温度过高，由于种子呼吸强度大，发芽受到抑制；温度过低，则发芽缓慢而不整齐，并容易感染病害。

冬小麦从播种到出苗的日数，随播期的延迟而递增，最适宜的出苗日数为 6～7 d，出苗率高，在日均气温 15～18 ℃时，播种较为适宜。一般北京、山西太原、陕西关中等地区冬小麦的适宜播期为 9 月下旬；河北保定、山东济南地区冬小麦的适宜播期为 10 月上旬；河南郑州小麦的适宜播期为 10 月中旬。当日均气温降到 7～8 ℃时，从播种到出苗需 20～30 d，出苗率低；当日均气温低于 3 ℃时播种，一般当年不出土，成为"土里捂"，出苗率显著下降。

2. 土壤水分对小麦出苗的影响

土壤含水量过高或过低，均影响小麦出苗率和出苗速度。土壤含水量过低，水分供应不足，种子只能吸水膨胀，种胚不能生长，在这种情况下，种子呼吸作用急剧上升，释放的能量转变为热，造成种子养分消耗，对发芽、出苗均不利；但土壤含水量过高时，氧气不足，也不利于发芽，甚至造成种子腐烂。小麦发芽要求最适宜的土壤含水量为土壤田间持水量的 70％～80％。当土壤相对含水量（即土壤含水量占田间持水量的百分比）低于 55％时，小麦出苗时间延长，出苗率降低，出苗不整齐，必须及时灌溉。

3. 土壤空气对小麦出苗的影响

小麦种子萌发时的呼吸作用很强，需要充足的氧气。种子得到氧气后，将细胞内贮存的营养物质逐渐氧化分解为各种中间产物，主要是有机酸类。这些有机酸类可以转化为建成小麦幼苗的原料，同时，在分解过程中释放能量，供应生命

活动的需要。如果氧气不足，已膨胀的小麦种子将因缺氧而死。通常情况下，土壤中的氧气足以保证小麦种子萌发和出苗的需要，但当土壤质地黏重、含水量过多、土表板结或播种过深时，种子则会因缺氧而不能萌发，甚至霉烂。即使勉强发芽出苗，生长势也较弱。

4. 播种深度对小麦出苗的影响

小麦播种不宜过深。一般情况下，以水田不过 4.5 cm，旱地不过 6 cm 为宜。播种过浅过深对小麦出苗生长均不利。

(二)三叶期

三叶期指小麦第一片叶、第二片叶完全展开，第三片叶抽出并刚展开的时期。全田 50％的麦苗达到上述标准的时期为三叶期。

小麦从第一片绿叶伸出芽鞘以后，植株就由胚乳营养(异养营养)向独立营养(自养营养)过度，是小麦营养生理上的一个重要转折。此时尽管幼苗很小，只有一片绿叶制造营养，但加上胚乳营养的供应，在较高的温度下，在 4～6 d 内，可以满足第二片、第三片叶的出现和生长发育。第三片叶出现前，种子胚乳养分已基本耗尽，小麦由胚乳营养彻底转向独立营养，所以又称"离乳期"或"断奶期"。由出苗到三叶期，一般经历 12～15 d，自此以后，冬小麦进入分集、长根、长叶阶段，春性较强的冬小麦则同时进入幼穗分化发育阶段，是关键的转折期。

(三)分蘖期

分蘖是小麦重要的生物学特征之一，是长期适应外界条件系统发育的结果。具体定义是，在小麦生长达到三叶以后至拔节前后，在地面以下或接近地面的分蘖节(根状茎节)上产生腋芽，腋芽形成具有不定根的分枝，称为分蘖。直接从主茎基部分蘖节上发出的称一级分蘖，在一级分蘖基部又可形成新的分蘖，称为二级分蘖，一般情况下可以形成三级、四级分蘖。当田间有 50％的植株的第一分蘖露出叶鞘时，即为分蘖期。适期播种的冬小麦，从出苗到分蘖约为半个月。

小麦单株产生分蘖多少的能力称为分蘖力。在生产上，对于小麦的分蘖要求不是越多越好，而应根据品种特性、栽培条件、产量水平等因素把小麦分蘖利用的可能性与生产条件统一起来，要求植株有一定数量的分蘖种较高的成穗率。影响分蘖力的因素有：品种特性、温度、土壤水分、播种深度、营养面积(播种量及播种方式)、耕地肥力等。

(四)越冬期

从冬前日平均气温降到 2 ℃以下的时期起，到第二年日平均气温升到 2 ℃左右时止，即为越冬期。在越冬期，小麦地上部分基本停止生长，地下根系因所处区域不同,生长情况也不同。在黄淮海冬麦区,一般年份,地上部分停止生长,地下根系越冬不停止生长;但发生暖冬现象的年份,在冬季小麦会继续生长,甚至拔节,当土壤温度降低时会发生冻害;北方冬麦区,尤其是西北冬麦区,冬季严寒,极端最低气温较低,常使小麦在越冬期发生严重冻害。

(五)返青期

翌春,随着气温的回升,小麦开始生长。当年后新长出的叶片(一般是跨年生长的叶片)由叶鞘长出 1~2 cm,植株仍呈匍匐或基本匍匐状时,大田小麦颜色由暗绿变为青绿色时即为返青期。此期一般在 2 月下旬至 3 月上旬,历时约 1个月。这个时期的生长主要是生根、长叶和分蘖,小麦返青期也是促使晚弱苗升级、控制旺苗陡长、调节群体大小和决定成穗率高低的关键时期。

(六)起身期

麦苗由匍匐状开始向上生长,年后第一个伸长的叶鞘显著拉长,其叶耳和年前最后一叶的叶耳的距离(即叶耳距)约 1.5 cm,主茎长出的年后第二叶片接近定长,与生长锥分化小穗原基(又称"二棱期")一致。此期稍后,茎基部节间即开始伸长。

(七)拔节期

茎基部第一伸长节间露出地表 1.5~2 cm,整个茎高达 4~6 cm,即为习惯上说的拔节。此时幼穗在分化雄蕊原基以后,与药隔形成期接近。

(八)挑旗(孕穗)期

大田半数以上的旗叶(又称"剑叶")叶片全部伸出叶鞘的时期为挑旗(孕穗)期。

(九)抽穗期

麦穗顶部(不包括芒)由叶鞘露出时,即为抽穗。大田有 50% 的麦穗达到这一标准的时期,即为抽穗期。此期开始于小麦拔节后 25~35 d,全田持续时间 2~5 d 抽穗时间。一般春性品种早于冬性品种;茎早于分蘖;播种早时有所提前;高温、干旱抽穗提前。

(十)开花期

大田约有 50% 的麦穗开花,即为开花期。一般在小麦抽穗后 2~5 d 开始开花(也有抽穗当天开花或抽穗后 10 d 以上才开花的,也有边抽穗边开花的现象);小麦一株开花顺序是先主茎后分蘖;一穗上是先中部小穗而后渐及上部和下部,同一小穗则由基部花顺次向上开。一穗开花时间持续 3~5 d,全田开花时间持续 6~7 d。小麦开花的最低温度为 9~11 ℃,最适温度 18~20 ℃,最高温度 30 ℃。

高于 30 ℃，且土壤水分不足或伴随干热风时，影响受精能力而降低结实率。最适宜开花的相对湿度为 70%～80%，低于 20%，不能正常授粉受精；湿度过大，如开花期遇雨，则易造成花粉粒吸水膨胀破裂。

小麦开花期间是小麦体内新陈代谢最旺盛阶段，需要消耗大量的能量和营养物质，也是一生中日耗水量最大的时期（亩日耗水量 $3～4\ m^2$），对缺水反应极为敏感，仅次于减数分裂期。因此，此期必须保证水分和糖类的充分供应，以保证旺盛的生命活动。

（十一）灌浆期

灌浆期，籽粒刚开始沉积淀粉粒（即灌浆），时间在开花后 10～15 d。此期分三个阶段。

1. 籽粒形成期（此期历时 10～15 d）

受精后，子房迅速发育。首先是受精卵进行横向、纵向分裂，形成四个细胞的原胚，继而向各个方向分裂，形成棒状胚体，不久在其一侧出现沟纹，进而形成胚的各个器官。

胚乳的发育为极核受精后形成初生胚乳核并进行旺盛分裂，但初期不形成细胞壁，而是产生许多自由胚乳核，散布在胚囊的边缘，使胚囊不断增大，继而细胞质不断增多，充满整个胚囊。最后在每个核外围的细胞质形成细胞壁，分隔成许多胚乳细胞，这些胚乳细胞又进行分裂，渐次充满整个胚囊，最终形成胚乳，伴随胚乳细胞的形成开始沉淀淀粉。

受精后 10～15 d，籽粒外形已基本形成，长度达最大值的 3/4，是由"坐脐"达到"多半仁"阶段，籽粒已具有发芽能力，这段时期称为籽粒形成期。此期籽粒中含水量处于增长阶段，含水率在 70% 以上。干物重增长很慢，千粒重日增量一般在 0.4～0.6 g。

2. 乳熟期（此期历时 12～18 d）

"多半仁"后长度首先达到最大，然后是宽度和厚度明显增加，至开花后 20～24 d 达最大值（又称"顶满仓"）。随着体积的继续增长，胚乳细胞中开始沉淀淀粉，干物重迅速增加，千粒重日增量达到 1～1.5 g，后期可达 2 g 左右，这是籽粒增重的主要时期。这一时期籽粒的绝对含水量比较稳定（是水分的平稳阶段），但含水率则由于干物质的不断积累由 70% 逐渐下降到 45%。功能叶及茎的干物质也都先后开始减少，表明营养器官中的贮藏养分已向籽粒中运转。籽粒外部颜色由灰绿变为鲜绿夹杂绿黄色；表面有光泽，胚乳由清乳状到乳状。植株茎基部叶片枯黄，中部叶片变黄，上部叶片、节间和穗尚保持绿色。

3. 面团期(历时约 3 d)

籽粒含水率下降到 38%～40%,干物重增加变慢,籽粒表面由绿黄色变成黄绿色,失去光泽,胚乳呈面筋状,体积开始缩小,其中长度缩减不明显,宽度和厚度缩减显著,灌浆接近停止。

灌浆期灌浆速度的特点是"慢—快—慢",即"多半仁"前缓慢,由"多半仁"到"顶满仓"速度加快,"顶满仓"以后又趋向缓慢。因此,灌浆过程是决定粒重的关键时期,关键时间的长短和灌浆速度的快慢,都直接影响粒重的高低,田间管理十分重要。"顶满仓"到"面团期"是穗鲜重最大的时期,要注意防倒。

(十二)成熟期

小麦成熟期主要分为两个阶段。

1. 蜡熟期

此期籽粒含水量由 38%～40%急剧下降至 20%～22%,籽粒由黄绿色变为黄色,胚乳由面筋状变为蜡质状,籽粒干重达最大值;植株旗叶稍变黄,其他茎生叶干枯,茎秆还有一部分保持绿色,穗子变黄,有芒品种芒未炸开。蜡熟期一般经历 3～7 d;蜡熟中末期,由于干物质积累达最高峰,生理上已正常成熟,是带秆收割的最适期,机械收割则显早些。

2. 完熟期

此期籽粒含水率下降到 20%以下,干物质停止积累,籽粒体积缩小,籽粒变硬,即为"硬仁",表现出成熟种子的特征特性。此期时间较短,一般在 3～5 d。此期是机械收获的适宜期。

三、黄淮冬麦区小麦生育周期

黄淮冬麦区包括山东省全部,河南省除信阳地区以外全部,河北省中、南部,江苏及安徽两省的淮河以北地区,陕西关中平原及山西省南部。

本区气候适宜,是我国生态条件最适合小麦生长的地区。面积和总产在各麦区均居前列,且产量较为稳定。本区地处暖温带,最冷月平均气温 -4.6～-0.7 ℃,绝对最低气温 -27～-13 ℃,年降水量 520～980 mm,小麦生育期降水在 280 mm 左右,年际间时有灾害发生,小麦灌浆期间常遇高温低湿天气,形成不同程度的干热风危害。种植制度为一年二熟或二年三熟。

该区小麦以种植冬性、半冬性品种为主,豫南也有弱春性或半冬性早熟品种种植,播种期一般为 9 月下旬至 10 月下旬,成熟期在 5 月下旬至 6 月下旬,生育周期 230～270 d。

第三章　小麦绿色高效种植技术

第一节　冬小麦播前管理技术

小麦播种之前，要认真做好各项准备工作，尤其要做好整地保墒、备足底肥、造墒和选种、种子处理等工作。

一、土地准备

为提高小麦产量，我们对深耕整地提出了具体的质量要求，具体可概括为：深、细、透、实、平。

1. 深

"深"是指在土地原有基础上逐年加深耕作层，一年加深一点，不宜一下耕得太深，以免将大量的生土翻出。具体耕地深度，机耕的应在 25～27 cm；畜力犁地耕到 18～22 cm。根据资料表明，深耕由 15～20 cm 加深到 25～33 cm，一般能使小麦增产 15%～25%。深耕可以加厚活土层，改善土壤结构，增加土壤通气性，提高土壤肥力，协调土壤水、肥、气、热，增强土壤微生物活性，促进养分分解，保证小麦播后正常扎根生长。实践证明，深耕的作用是有后效的，所以一般麦田可三年深耕一次，其余二年进行浅耕，深度 16～20 cm 即可。

2. 细

"小麦不怕草，就怕坷垃咬。"农谚说明小麦幼芽顶土能力较弱，在坷垃底下，出现芽干现象，易造成缺断垄。所以耕地后必须把土块耙碎、耙细，保证没有明暗坷垃，才能有利于麦苗正常生长。

3. 透

"透"就是要求将土地耕透、耙透，做到耕耙均匀，不漏耕、不漏耙。把麦田修整得均匀一致，有利于小麦均衡增产。

4. 实

"实"是指表土细碎，对耕地下无架空暗垡，达到上虚下实。如果土壤不实，就会造成播种深浅不一，出苗不齐，容易跑墒，不利于扎根。所以对过于疏松的麦田，应进行播前镇压或浇塌墒水。

5. 平

就是要求对土地做到耕前粗平、耕后复平、做畦后细平，使耕层深浅一致，才能保证浇水均匀，用水经济，播种深浅一致，出苗整齐。一般麦田坡降要求不超过 0.3%，畦内起伏不超过 3 cm。

对于一年一作的休闲旱麦田，一般采取"四早三多"纳保结合的蓄水保墒耕作技术。"四早"是指，早灭茬，破土保表墒；早深耕，纳雨贮深墒；早细犁，破垡活土匀墒；早带耙，立足秋旱收全墒。"三多"是指，多浅犁，多细犁，多耙地。蓄水保墒的具体做法是，小麦随收随灭茬，伏前抢墒深耕，雨后抢墒犁地耙地，伏天多犁多耙，犁后带耙。把深耕提前一个节令，把立秋带耙改为伏里带耙，立秋后多耙少犁，播种前无雨只耙不犁。

二、肥料准备

1. 底肥的重要性

作为需肥量较多的作物，为保证冬小麦能够很好地出苗、分蘖和扎根，长成壮苗，安全越冬，并满足以后各生育期对养分的需要，必须施足底肥。尤其对于冬春雨雪稀少，表土比较干旱的地区，追肥施入较浅，不易发挥肥效，因此施足底肥就显得更为重要。实践证明，小麦施肥实行粗、细结合，氮、磷配合，采用粗肥、氮肥、磷肥"三肥坐底"的方法，是一项显著的增产措施，也是培育冬前壮苗的有效手段。增施有机肥料，可以培肥地力，改善土壤结构，是建设稳产、高产农田的根本途径之一。因此，要本着"粗肥为主，化肥为辅"的原则，通过各种途径，广辟肥源，为麦田备足底肥。

2. 施肥的方法

氮素化肥底施法是一种提高肥效、培育壮苗的施肥方法。实践证明，一般重施底化肥(特别是碳酸氢铵)的麦田，要比在年后追施同等肥量的麦田苗期生长快、长势壮、成穗率高、增产显著，而且方法简便，还能弥补碳酸氢铵挥发性强、容易散失肥效和追肥不便的缺点。对于保肥能力较强的黏质土壤，可将全生育期氮肥需求总量的一半以上做底肥用；对于保肥能力较差的沙质土壤适当少些，占全期氮肥总量的 40% 左右做底为宜。增施磷肥是小麦生产上的一项新的增产措施，特别是贫磷土壤，用磷肥突破氮、磷配合的办法，增产效果十分明显。另外，在施肥方法上应注意，结合深耕整地应将基肥均匀撒施翻埋在土里，切忌暴露在地面上，以免肥分损失，化肥要提倡深施。若施肥量较少，应采取集中施肥法；若施肥量较多则以普施为好，然后翻耕。

三、节水灌溉设施准备

（一）保墒的重要性

水分是种子发芽、出苗的必要条件，小麦种子只有在吸收相当于本身重量45％左右的水分后才能发芽。如果水分不足，往往影响小麦出苗率和产量。所以，造好底墒，足墒下种是确保苗全苗壮的重要措施。入秋以后雨量逐渐减少，秋作物收获后，土壤墒情已显不足。所以浇足底墒水，不仅能满足小麦出苗和苗期的生长需要，而且为中、后期生长奠定良好的基础。

（二）保墒的措施

小麦种子正常发芽的土壤含水量为15％左右。如遇黏土地含水量小于20％，两性土含水量17％～18％，沙土地含水量15％～16％等情况，都应在浇足底墒水的前提下播种。浇水可以采取带茬洇地（即耕前浇水）的方法，有条件的最好在耕地整平后浇塌墒水，一般每亩浇水 50～60 m³。在没有浇底墒水的地区，一方面要多保蓄伏雨、秋雨，防旱蓄墒，另一方面要快收快耕不晾茬，随耕随耙不晾垡，抢墒播种，尽量适时播种，提高播种质量，确保苗全、齐、匀、壮。

（三）灌溉设施准备

1. 蓄水池与引水沟

为保证供水方便及时，在山地、丘陵地区应选址修建小型水库蓄水；无修建水库条件的地方，可在麦田上方根据荒坡坡面、地形和降水量等情况，挖掘拦水沟，并在拦水沟的适当处修建蓄水池。引水沟宜设在麦田高处，多采用混凝土或石头砌成。

2. 输水渠和灌水渠

输水渠是引水沟与灌水渠的联系纽带，其位置多设在干路的一侧，也可采用木制架槽缩短其长度。输水渠可以用混凝土或石头砌成，也可以采用塑料管。输水渠的宽度与深度或塑料管的直径，视小区多少和输水量而定。灌溉渠设在小区内，接受输水渠的流水灌溉麦田。山地梯田或撩壕麦田，利用梯田的背沟或撩壕的壕沟为灌溉渠。

（四）灌溉方法

1. 沟灌

主渠道和支渠道构成沟灌的整体渠道。渠道的深浅和宽窄应根据水的流量而定。平地麦田的主渠道与支渠道呈"非"字型，山地麦田支渠道与主渠道呈"T"字型。渠道的长短按地形、地块设计，以每块地都能浇上水为准，山地麦田高差大的地方要修跌水槽，以免冲坏渠道。无论山地还是平地，都要注意防渗漏。一般主路边的排水沟就是主渠道，防止土壤板结。喷灌的管道可以是固定的，也可以是活动式的，排水沟就是支渠道。

2. 喷灌

喷灌法比沟灌法节约用水一半以上，并可降低成本。多采用活动式管道，投资小，但使用麻烦。固定式管道不仅用起来方便，还可以用来喷药，起到一管两用的作用。即使喷药条件不具备，也可以用于输送药水。尤其是山地麦田，在不加任何动力的情况下，就可以把药水送遍全园。

3. 滴灌

滴灌是最节约用水的灌溉方式。其用水量比沟灌节约75％，比喷灌节约50％。滴灌是通过一系列的管道把水一滴一滴地滴入土壤中，设计上有主管、支管、分支管和毛管之分。主管直径80 mm左右，支管直径40 mm左右，分支管细于支管，毛管最细，直径10 mm左右，在毛管上每隔70 cm安装一个滴头。

（五）排水设施准备

1. 明沟排水

其具体做法是在地表挖掘一定宽、深的明沟进行排水。山地麦田，其上方有荒坡或坡面时，由拦水沟（包括蓄水池）、集水沟和总排水沟组成。麦田上方无荒坡或坡面时，则由集水沟和总排水沟组成。拦水沟拦截麦田上方的径流，贮在蓄水池内。蓄水池与灌溉系统的引水沟相通。直接利用梯田的背沟或撩壕的壕沟来充当集水沟，其上端连接引水沟，下端通总排水沟。总排水沟利用坡面侵蚀沟改造而成。平地麦田，通常由小区内的集水沟、小区间的干沟和麦田的总排水沟组成。集水沟多与灌溉系统的灌水渠结合使用。干沟可以单设，也可设在干路输水渠的另一侧，上端连接集水沟，下端通总排水沟。总排水沟可以单设，在大型麦田里也可以设在主路的另一侧，上端连接干沟，将水排出麦田。

2. 暗管排水

其具体做法是在麦田地下埋设管道排水。通常由排水管、干管和主管组成。其作用和位置分别类似明沟的集水沟，干沟和总排水沟。主要用于平地麦田。暗管埋设的深度与排水管的间距，根据土壤性质、降水量和排水量决定。一般其深度为地下1.0 m～1.5 m，排水管的间距为10 m～30 m。采用无管口套的瓦管或塑料管充当暗管，每段长30 cm～35 cm，口径为15 cm～20 cm。铺设时干管与主管成斜交。管道下面和两旁均铺放小卵石或砾石，各管段接口处均留 1 cm 缝隙，缝隙上面盖塑料板，管段和塑料板上面也需铺盖砾石，然后填土埋管平整地面。

四、种子准备

(一)选种的重要性

选择优良品种是小麦高产、优质、高效的基础保障。及时更新和更换良种，实行品种合理布局和搭配，搞好区域化种植，实行良种良法配套管理，都能大大提高小麦产量和质量。选种时要做到因地制宜实行品种的合理布局与合理搭配。另外，良种选用还必须根据当地自然条件、栽培条件、产量水平以及耕作种植制度特点进行选择。

(二)选种的原则

(1)依据所选品种的分蘖及成穗特性进行合理密植，建立合理群体结构。

(2)依据小麦种植地的气候特点选择适合当地安全生育的品种，并掌握适宜播种期。

(3)依据品种需肥需水特性确定肥水管理措施。

(4)依据分蘖、幼穗发育及茎秆特性确定科学管理的时间与数量。

(三)选种方法

为提高小麦产量，在选种时应选择发芽率高、无病害、无杂质的大而饱满、整齐一致的籽粒做种子。一般大田要选用抗逆性较强的稳产品种，不要选用高肥水地品种。用精选机精选，也可以用人工筛选、风选，以除去秕籽、病粒、碎粒和草籽、泥沙等夹杂物，选出充实饱满的种子。这样的种子生命力强，出苗快，分蘖早，根系发达，麦苗苗壮。

(四)晒种

为促进种子后熟，提高出芽率，使出苗快而整齐，可在播前晒种 2～3 d。

(五)种子消毒

1. 变温浸种

其具体做法是先将麦种用冷水预浸 4～6 h，捞出用 52～55 ℃温水浸种 1～2 min，使种子温度达到 50 ℃，再捞出放入 56 ℃温水中，保持水温 55 ℃，浸 5 min 后取出，用凉水冷却后晾干播种。这对预防小麦散黑穗病效果很好，但必须严格控制温度和时间。

2. 恒温浸种

其具体做法是将麦种放入 50～55 ℃热水中，立即搅拌，使水温迅速降至 45 ℃，在此温度下浸 3 小时取出，冷却后晾干播种。这样可以有效地防治小麦散黑穗病、赤毒病、颖枯病等。

3. 石灰水浸种

其具体做法是将选好的种子浸入 100∶1(水∶石灰)的石灰水中，使水面高出种子 10～15 cm，并保持静置，不能搅动水面；浸泡时间视气温而定，在气温为 20 ℃时浸泡 3～5 d，25 ℃时浸泡 2～3 d，30 ℃时仅需要 1 d。浸泡好的麦种不需用清水冲洗，摊开晾干后即可播种。这对预防小麦散黑穗病、秆黑粉病、赤霉病、叶枯病等均有良好的效果。

(六)拌种

1. 萎锈灵拌种

用萎锈灵(有效成分为 75%)可湿性粉剂按种子量的 0.3%拌种，可以有效地防治小麦散黑穗病，并能兼治小麦种子上或土壤中的小麦腥黑穗病和秆黑粉病。

2. 粉锈宁拌种

用粉锈宁乳油(有效成分为 20%)拌种，可以防治小麦散黑穗病、腥黑穗病、秆黑粉病、锈病、白粉病、枯病、全蚀病和根腐病等多种病害。

3. 甲基异柳磷或辛硫磷拌种

用甲基异柳磷乳油(有效成分为 40%)50 mL 或辛硫磷乳油(有效成分为 50%)100 mL，兑水 2～3 kg，拌麦种 50 kg，拌匀后堆闷 2～3 min，对蝼蛄、蛴螬、金针虫等害虫有特效。

4. 甲基异柳磷(或辛硫磷)＋粉锈宁拌种

用甲基异柳磷乳油(有效成分为 40%)50 mL(或 50%辛硫磷乳油 100 mL)，加粉锈宁乳油(有效成分为 20%)50 mL，兑水 2～3 kg，拌麦种 50 kg，拌匀后堆闷 2～3 h 播种，可有效防止小麦全蚀病、根腐病、纹枯病以及黑穗病等的发生。

第二节　小麦精准播种技术

一、播种时期

(一)适时播种的重要性

过早或过迟播种对小麦都会造成影响。从本质上来说，一方面不利于营养生长向生殖生长的转化，缩短幼穗形成或生殖器官的发育；另一方面妨碍了正常的营养功能，使小麦从外界的吸收、同化、利用过程中，经常处于不利的环境条件之下，有机和无机营养不协调，构成产量的因素变劣。因此，适时播种不仅对于高产栽培，而且对大面积平衡增产都具有重要意义。

（二）早播的生育特点与调控

从一定角度讲，小麦早播可以延长幼穗分化，增加小穗、小花，但如果过早孕穗、开花，当遇到低温寒潮侵袭时，就会影响减数分裂和受精结实。加之早播时气温较高，发芽出苗虽快，但幼苗纤细软弱；地下害虫猖獗，影响小麦的出苗率；而且小麦如果过早通过春化阶段，则会丧失抗寒能力，在寒冷地区还会出现越冬死苗，加之分蘖受到抑制，所以穗数较正常播期偏少，从而影响小麦的产量。根据早播小麦的生育特点，可以采取以下相应的补救措施。

（1）及时采取措施进行补救，拖延时间以后则很难挽回。

（2）对小麦进行深锄伤根，减少对水分和矿质元素的吸收，同时要镇压麦苗，喷施多效唑或矮壮素，控上促下。

（3）对小麦增施肥料，促进分蘖发育，以分蘖补主穗。对于早穗小麦，在一般情况下勿轻易刈割。同时增施含磷、钾的肥料，提高小麦的抗寒能力。

（三）晚播的生育特点与补救

迟播现象在我国较为常见。小麦播种过迟，出苗时间延长，由于气温降低，消耗胚乳养料较多，使出苗率降低，幼苗弱小，影响分蘖和成穗，最后使穗数不足。

在众多危害中，小麦迟播对幼穗的分化影响最大。在适时播种的情况下，幼穗分化期 117 d，延迟两周为 109 d，延迟 4 周为 97 d，延迟 10 周只有 46 d。并且由于群体较小，气候条件不利，光合生产率不高，使每穗粒数及单位面积粒数都显著减少。迟播与早播相比，受害更重，生产上减少或完全消灭迟播小麦，是大面积平衡增产需要突破的重要问题。

根据迟播小麦的生育特点，可以采取以下相应的补救措施。

（1）播种前精选种子，注意选用生育期短、耐迟播的强春性品种，浅播浅盖，或催芽播种，注意开沟排水，调节土壤湿度，使出苗迅速整齐。

（2）为确保出苗率，可适当增加用种量，使基本苗达到该品种的适宜成穗数，实现以苗保穗。要缩小窝行距，实行小窝疏株密植，建成合理的群体结构。

（3）使用基肥时，应注意增加氮、磷肥的施入。为防止僵苗，追肥可适当延迟，以加速无效分蘖衰减，并提高结实率，以达到少花多粒的目的。

(4)在进行小麦苗期管理时，尽量做到群体大，株型小，既不郁蔽，又不漏光，再通过肥水运筹，使晚播不晚熟、不贪青、不早衰，生物产量虽低，收获指数却较高。

（四）播种适期

为保证小麦的优质高产，应注意小麦的播种适期。适期播种，有利于小麦健壮生长发育，能培育出壮秆大穗，达到正常成熟，是提高小麦单产和大面积均衡增产的重要措施。一般在选择播种适期时，应从以下几点考虑。

1. 冬前积温

选择适宜积温是小麦正常生长的基本保障。小麦全生育期所需积温在 1 800～2 200 ℃。一般播种至出苗需 100～130 ℃，出苗至第一个分蘖需 180 ℃～220 ℃，以后每增加一个分蘖至少需 70 ℃，最后一个分蘖至冬前需 100 ℃左右。按此计算，两个分蘖需 350～450 ℃，4 个分蘖需 490～590 ℃，因此要达到 2～4 个分蘖冬前需积温 350～600 ℃。所以，冬前积温达到 350～600 ℃和日平均气温 15～18 ℃时最适宜冬小麦播种。

2. 气温

小麦冬前形成壮苗，有利于越冬，因此既要在冬前达到足够的积温，又要避免冬前旺长，分蘖过多。根据多年来的气温平均变化情况，一般平均气温降至 14～17 ℃，平均地温降到 14～18 ℃时是小麦播种的最佳时期。

3. 土壤湿度

在选择适播期时，还要考虑当时的土壤湿度。一般小麦出苗的适宜田间持水量应大于 80％，如果田间持水量大于 85％或小于 60％则不利于小麦出苗。在北方麦区小麦播种时常出现土壤干旱情况，当耕作层土壤水分低于田间持水量65％时就应浇播前水，由于种子需吸收相当于种子重量一半以上的水分时才能发芽，因此播前水的作用是提供发芽出苗所需水分，同时也有利于提高播种质量，改善苗期的营养条件，促进全苗、壮苗。

同时，由于品种、土地肥力状况、地形不同，小麦的适宜播种期也存在一定差异，在播种时应视具体情况灵活掌握。

二、播种方法

（一）播种方式

1. 条播

条播是各麦区应用比较普遍的播种方式。其优点是利于机械操作，落籽均匀，出苗整齐，行间通风透光好，并适合间套复种。但要求整地精细，覆土一致，才能苗齐苗壮。条播还可分宽幅条播、窄行条播。根据气体流动规律，加大行距、缩小株距，有利于田间通风透光。

2. 点播

俗称窝播和穴播。该播种方式对于开沟条播困难，土质黏重，整地不易细碎的土壤较为适宜。点播便于集中施肥，控制播量和播种深度，从而苗齐苗壮，但是必须改变过去的稀大窝现象，而推广行之有效的小窝疏株密植，即采用 10 cm×20 cm 或 13.3 cm×16.7 cm 的穴行距，每亩在 3 万穴以上，使群体布局合理，光合效率较高。具体做法有撬窝点播、连窝点播、条沟点播等，近年来点播机已研制成功，大大提高了劳动生产率。

3. 撒播

这是一种比较原始的播种方式，具有省工，个体分布疏散，单株营养条件好等优点，但覆土深浅不一，容易形成三籽(露籽、深籽、丛籽)，出苗不全不齐，管理不便，杂草较多，所以属于粗放种植。如果土壤肥沃，在增加播种量的条件下，实行全面全层播种，也可以达到较高产量，显著降低成本。

(二)确定播种量

1. 种子用量确定的原则

同品种的小麦在不同的时期、不同的土壤条件下播种，分蘖成穗数和适宜亩穗数差别很大。因此，不同情况播种量应有不同；播期早、分蘖多、成穗较多，基本苗宜稀，播量应适当减少，播期晚的相反；土壤肥力基础较高、水肥充足的麦田，小麦分蘖多、成穗多，基本苗宜稀，播量宜少；地力瘠薄、水肥条件差的麦田，分蘖少，成穗率低，播量宜相应增加。

2. 计算播种量

小麦播种量的多少要根据土壤肥力、品种及栽培技术而定，一般播种量计算方法如下：每千克种子粒数＝1 000×1 000/千粒重；播种量千克/亩＝计划的每亩基本苗数/每千克种子粒数×种子净度(％)×发芽率×田间出苗率(％)。

田间出苗率与耕作整地质量、播种时土壤湿度、播种或覆土深度等有关，一般为 85％左右。如果耕作粗放，土壤过湿过干，加之鼠害、雀害及地下害虫的影响，有时仅 50％，所以，还要根据实际情况而定。

3. 播种原则

(1)适时播种。小麦适宜的播种期应根据气温、土壤、品种而定。

(2)严格掌握播种深度。播种深浅对小麦生长和培育壮苗影响最大。过深，出苗慢，养分消耗多，幼苗细弱，分蘖晚，次生根少，生长不良，引起减产；过浅，种子易落干，影响出苗，即使出苗也很容易形成小老苗或造成整株死苗。深浅适宜则出苗早而齐，利于形成壮苗。播深一般以 3～5 cm 为宜，在此范围内，沙质土、墒情差地区稍深些；黏性土、墒情好地区稍浅些。

（3）努力提高作业质量。目前小麦播种多用机械，要提前准备，保证下种均匀一致，播量准确，克服漏播、重播，不堵仓眼，到边到头；作业中还要求行直、垄正、沟直、底平，深浅一致，盖种严实。墒情差时，播后镇压。播后遇雨或浇蒙头水的，苗前要抓紧划锄，以利出苗。

第三节　科学田间管理技术

一、苗期田间管理

（一）苗期管理的目的

小麦苗期是指从出苗至拔节的时期。根据小麦生育期间气候、苗情的变化，应及时采取苗期管理措施，调节群体结构，保证穗、粒、重得到最大限度的平衡发展，这是进行高产栽培的一个重要环节。

（二）补苗

种植后小麦出苗常有缺窝、断垄或稀密不匀现象，为保证基本苗数并分布均匀，应事先准备催芽露白种子，出苗后及时补种或匀密补稀，这是高产栽培时既简单又十分重要的常规措施。

（三）追肥

1. 追肥目的

小麦应在施足基肥和用好种肥的基础上，按生育期进程及时追肥。一般情况下，麦苗 3 叶期前后胚乳养分即已耗尽，完全由异养转为自养。同时，从第 4 叶起进入分蘖阶段，次生根大量发生，幼穗同时分化。因此，早施苗肥可以培育壮苗，增加低位分蘖，促进幼穗分化，对迟播小麦增产效果更为明显。

2. 追肥方法

在小麦的整个生长过程中，要始终注意对其追肥。充足的肥力可促进早发壮苗，促进分蘖发生和幼穗分化，但追肥不宜过多，且应因苗施用。如果土壤肥沃、基肥和种肥充足、麦苗长势较好时，可暂时不施肥，或少施。施肥以人畜粪水、速效氮肥为主，并配合适量磷肥。如果基肥不足，可适当增施分蘖肥。分蘖肥常以腐熟有机肥为主，并结合中耕培土，将肥料埋于根际，可更大程度地提高肥效。施用方式可以机械条施，每亩施尿素 15～20 kg，有条件的可施用液氨，每亩 4～5 kg，促弱苗升级，使全田生长整齐，为高产群体的形成奠定基础。

(四)除草

1. 除草目的

小麦萌芽后常伴有田间杂草一起生土，此时幼苗期的小麦长势较弱，杂草的生长不但争夺小麦肥力，而且造成草吃苗现象，因此要及时地清除田间杂草，促使小麦长蘖、发根，以及初期幼穗分化，为中期生长奠定基础。

2. 除草措施

在小麦田中生长的杂草有野燕麦、稗草等禾本科杂草和苣荬菜、刺儿菜、卷茎蓼(荞麦蔓)、裂边鼬瓣花(野苏子)、黎(灰菜)、苋菜等阔叶杂草。生产上可以采用机械中耕除草与药物除草两种方式。

(1)中耕除草。人工除草是一项精耕细作的传统方法。在潮湿地区，中耕松土通气，可以提高地温，促进微生物活动和有机质分解，有利于生根长蘖；在干旱地区，则可切断毛细管，减少水分蒸发，达到蓄水防旱的目的；在分蘖末期，适当的深锄伤根还可以控制对肥水的吸收，抑制无效分蘖，避免群体过大。对于已经旺长的群体，则能加速分蘖的两极分化，改善株间光照，所以只要运用得当，中耕可以收到很好的效果。

(2)药物除草。在小麦长出后至分蘖末期，每亩用 72% 2,4-D 丁酯乳油 40～50 mL 兑水 30～45 kg 茎叶喷雾。或在小麦分蘖末期至拔节前，亩用 20% 2 甲 4 氯钠盐水剂 200～300 mL 兑水 30～45 kg 茎叶喷雾。

(五)压苗

1. 压苗目的

小麦播种后，通常要对其进行压苗。通过苗期镇压可以使小麦地上和地下部协调生长，起到控上促下的作用。凡是经过镇压的麦田，麦苗生长整齐、粗壮，不易倒伏，同时镇压使土壤坚实，不易透风失墒，利于提高土温，从而达到壮蘖增穗，大穗整齐，穗多粒饱的目的，为增产增收奠定基础。

2. 压苗措施

压苗时镇压的次数和强度视苗情而定，一般镇压 1～2 次，旺苗要重压，弱苗要轻压，以抗旱为目的的镇压应在分蘖初期，以防倒为目的的镇压应在分蘖中末期。

（六）灌溉

1. 灌溉目的

由于冬季气温偏低，很容易发生小麦冻伤现象，而适时冬灌能有效缓和近地面气温和地温的下降速度，预防和减轻越冬期冻害的发生，同时促进小麦根系下扎，形成粗苗壮苗，并有效防止春季干旱，为春季管理争取主动，是小麦高产、稳产的有效措施。

2. 灌溉措施

冬灌一般在 11 月下旬至 12 月上旬进行。此时夜冻日消，是冬灌的最佳时期。通常冬灌选择晴天上午进行，既要浇透，又要杜绝大水漫灌，以浇水当天渗完为好。各类麦田特别是底墒不足的麦田都应于 11 月末和 12 月初适时浇透浇足越冬水，浇后适墒时中耕划锄一次，以减少蒸发量，提高抗冻效果。

二、中期田间管理

（一）中期管理的目的

小麦的生育中期是指自拔节至抽穗、开花的时期，这是小麦一生中生长发育最旺盛的时期。生育特点是，叶面积迅速增加，茎秆急剧伸长，幼穗分化长大，干物质积累最快。因此，此期对肥水的反应非常敏感，土壤干旱或养分不足都严重影响叶面积扩展和穗花发育；然而若肥水过多，则使茎叶郁蔽，株间光照不良，甚至发生倒伏，所以这一阶段是高产栽培中田间管理的关键时期。根据小麦生育特点及其与产量构成因素形成的关系，田间管理的主攻目标应当是，促进分蘖的两极分化，使大蘖迅速生长，小蘖很快死亡，茎层整齐，麦脚干净；控制基部节间过长，增加单位长度干重，达到壮秆防倒的目的；培育良好株型，协调群体结构，改善通风透光条件，提高对光能的利用；增加小花数，减少退化数，提高结实率，争取穗大粒多。

（二）施肥

充足的肥水营养是小麦正常生长的基本保证。拔节孕穗期的肥水营养，不仅对穗数、粒数有直接影响，而且对后期籽粒灌浆和粒重也有间接作用。一般来说，高产栽培时基肥、苗肥均较充足，在小麦拔节初期不会出现缺肥现象，甚至尚需控水控肥，实行蹲苗，但在大面积生产中，拔节肥则占有非常重要的地位。具体追肥时期及数量，应依据苗情和营养情况而定，如群体偏大，叶色披垂，可以迟施；相反，可在第 1 节间定长时及时追肥，每亩施尿素 6～8 kg，并配合钾肥。

（三）灌水

1. 灌水目的

水分是小麦生长的基本保证，尤其在拔节孕穗阶段，叶面蒸腾和株间蒸发加大，所以合理浇灌拔节孕穗水十分重要。

2. 浇水方法

小麦浇水要结合土壤墒情和麦苗发育状况而定。如果土壤耕层含水在16％以下、麦苗瘦弱、群体偏小时，则应以水促肥，提前浇灌；相反，要适当节制用水，或延至孕穗前浇灌。

3. 注意事项

在浇水时注意及时清沟排渍。尤其是地下水位较高或排水不良，土壤湿度过大的麦田，在气温逐渐升高的情况下，土壤氧化还原电位降低，有毒物质产生，渍害严重影响小麦生长。要认真清沟排渍，改善土壤通气状况，使根系发育良好，达到根深叶茂。

（四）防止倒伏

为防止倒伏现象的发生，要及时采取有效的应对措施。对于群体过大和已有旺长趋势的麦苗，除进行中耕、压苗外，使用生长抑制剂的效果也是非常显著的。常用生长抑制剂主要有矮壮素及多效唑。矮壮素（0.25％～0.4％）通常在分蘖至拔节初期喷施，每亩药液用量50～60 g；多效唑（15％）一般在3～5叶时喷施，每亩用量33～50 g，兑水50 kg。均能抑制细胞伸长，缩短基部节间长度，降低株高，提高叶绿素含量，增强光合效率等。

（五）防止冻害

由于春季早晚气温偏低，有时造成小麦冻伤现象的发生。虽然晚霜所带来的低温时间很短，但由于这时小麦生长旺盛，幼穗已处在地表以上，抗冻能力很弱，很容易造成不同程度的冻害。预防和减轻晚霜冻害的措施很多，其中最有效的措施是浇水。对于没有浇水条件的麦田，可在临下霜前及时熏烟防霜，同样能达到一定的预防效果。

三、后期田间管理

（一）后期管理的目的

小麦的生育后期是指从抽穗开花到灌浆成熟的时期。该时期是籽粒形成和决定粒重的主要阶段。冬小麦从开花到成熟，进入生育后期一般需30多天。这一阶段，冬小麦经历开花、授粉受精、籽粒形成、灌浆和成熟等生育过程，转入以穗粒生长为中心的生殖生长阶段。此时是争取小麦粒多、粒重，特别是提高粒重的关键时期。因此，小麦后期管理的首要任务是养根护叶，延长上部叶片的绿色时间，防止早衰或贪青，保花增粒，促进灌浆，争取粒饱粒重，提高小麦产量。

（二）管理的主要措施

1. 浇好灌浆水

小麦生育后期是各个器官形成的时期，在此期间需要大量的水分。为保证小麦正常结实灌浆，在抽穗后应连续浇好抽穗、扬花水，灌浆水和麦黄水，以满足小麦对水分的需要。其中最重要的是灌浆水，能起到增产的显著效果，因为此期小麦籽粒形成期已结束，进入灌浆高峰期，千粒重每天可增 $1\sim2$ g。此时浇好灌浆水显得尤为重要，不仅满足小麦灌浆期对水分的需要，而且还可降低地温，稳定地温，防止根系早衰现象的发生，从而起到以水养根，以根保叶，以叶保粒的作用。后期浇水时防止大水漫灌，因为此时小麦的根系活力已减弱，若水过大，氧气不足，使根系窒息腐烂，植株很快死亡，千粒重显著下降。此外，对于灌浆期叶色黑绿的麦田，为防止贪青晚熟，应适当提早停水。同时，在后期浇水时还要注意防倒。

2. 根外追肥

为保证生长发育所需养分供应充足，一般在小麦开花后喷二次磷肥，小麦千粒重可增加 $2\sim3$ g，增产 10% 左右。喷施磷肥能增加小麦茎叶中磷和糖分的含量，同时促进灌浆效率，使千粒重增加，成熟期提前。喷施磷肥时应注意选择适宜时机，不宜过晚，同时也可和防治病虫害同时进行。小麦后期喷施磷肥通常为磷酸二氢钾，每亩地按 0.1 kg 磷酸二氢钾加 50 kg 水的用量，待肥料溶解后进行喷施。喷磷时间最好在下午 4 时以后，此时光合作用减弱利于叶面吸收。若在开花后麦叶变为黄绿色，可视为早衰征兆，此时可以结合喷施磷肥加喷尿素（浓度为 1%～2%）进行防治。

3. 防治病虫害

在小麦生育后期继续加强病虫害的防治工作。在此期间除发生白粉病、锈病以外，蚜虫和黏虫的为害也十分严重。

（1）麦蚜。麦蚜通常集中在叶背、叶鞘、心叶及麦穗等处，用刺吸式口器吸收小麦叶、茎、嫩穗内的营养成分。麦蚜破坏小麦的正常生长组织，造成小麦生长受阻，严重时叶片卷缩，生成的籽粒不饱满。可用 40% 乐果乳油 1 000 倍液～1 500 倍液，每亩 50 kg 溶液进行喷施，一般需喷 2 次，防治效果明显。

（2）黏虫。一般为害盛期在抽穗前后，如发现虫情，应及时用药剂防治。防治方法：可用 1.5％或 2.5％敌百虫粉，每亩喷 1.5～2.5 kg，也可用 5％辛硫磷乳油 1 500 液或 50％敌敌畏乳油 1 000 倍液，每亩喷 50 kg，均有良好效果。

4. 应用增产新技术

小麦生长后期可采用一些增产新技术来达到增加千粒重的目的。常用增产方法是用亚硫酸氢钠 60～100 ppm(ppm 是农业生产活动中防治病虫及根外追肥时对用量极少的农药或肥料进行稀释时所表示的使用浓度单位，通常叫作"百万分之"的溶液)，每亩喷 30 kg 药液，开花前后喷两次。另外，喷施宝、氯化钙、石油助长剂及钼、硼、锰等微量元素的喷施，均有不同程度的增粒作用。

5. 适时收获

选择适宜的收获时期，是丰产丰收的重要保证。机械收获应在小麦完熟期进行，以保脱粒干净；人工收割应在籽粒蜡熟后期及时抢收，避免收获过晚造成落粒损失。收获脱粒要做到精收细打，脱后晒干，硬粒归仓。

第四节　小麦水肥高效利用技术

水是小麦正常生长发育过程中不可或缺的因素，水分是否充足直接影响小麦的收成。同时，水是植物对营养物质吸收和运输的溶剂，任何肥料营养只有在被水溶解后才能被植物吸收。因此，肥料的使用都是在伴随浇水、溶解后喷施或在土壤墒情好的条件下进行的。肥料是作物生长的动力源泉，肥料和土壤中的各种矿质元素是维持作物正常生理活动的必需因素。在作物生长中虽然也有叶面喷施补充营养，但是小麦对矿质元素的吸收主要由根系从土壤中吸收。

一、节水灌溉技术

我国幅员辽阔，由于受季风的影响，自然降水量由东南向西北依次递减，分布很不均匀。东南部降雨量较多，小麦生育期需水可以满足，西北干旱地区需水主要靠灌溉来满足；华北半干旱地区，小麦生育期降水量也只能满足需水量的 1/3 左右。因此，小麦节水技术对节约水源和促进全国整个经济的发展具有广泛意义。节水灌溉的目标是科学利用自然降水，充分挖掘利用土壤水，最大可能地节约灌水，最大限度地节水增产，充分提高水分的利用率。

（一）小麦需水特点

不同品种对水的需求量也有所不同。据调查，冬小麦的耗水量 450～600 mm，折合每公顷 4 500~6 000 m³；小麦耗水量主要包括棵间蒸发和叶面蒸腾两部分。棵间蒸发即土壤蒸发，主要发生在小麦生育前期。此时苗小、叶片少、地面覆盖较少，棵间蒸发量大，其蒸发量一般占小麦总耗水量的 30%~40%。由于其并非植株直接吸收利用的水分消耗，因此，应采取有效管理措施，降低其耗水量。叶面蒸腾主要发生在小麦生育的中后期，是小麦正常发育中所必需的生理耗水过程，一般随着温度的逐渐加大，叶面蒸腾量也不断增加。叶面蒸腾耗水量占小麦总耗水量的 60%~70%，尤其在抽穗至开花期叶面蒸腾量最大，其日平均耗水强度可在 3.5~4.0 mm。产量高低、气象因素以及应用的技术措施等都影响小麦的耗水量。通常，耗水量是随着产量的提高而增加，但并不是呈比例的增加。同时，气候条件对小麦耗水量影响也很大，如果在气温升高、湿度减小、风速增大等情况发生的时候，叶面蒸腾和棵间蒸发都会加大，小麦耗水量自然也增多。反之，则减少。在生产实践中，一般深耕、合理施肥和适当密植以及中耕管理等良好的农业技术措施，均可以有效地改善土壤结构，促进根系发育，增加土壤蓄水保墒能力，抑制棵间蒸发，提高水分利用率。

（二）粗放式灌溉的危害

为争夺水源，人们往往习惯于过早地浇灌春水。其实，除出现特别的旱情，需要尽早浇灌救命水外，不宜过早浇灌春水，若过早地浇灌春水会影响小麦生长。通常浇灌春水最适宜的时期是在拔节期或当温度稳定升到 5 ℃以上时。同时在小麦肥料的施用上也过于简单，一般仅使用碳铵或尿素，很容易因为氮肥过多造成抗倒伏能力下降或贪青晚熟减少产量。

（三）冬小麦灌水技术

为达到合理用水、经济用水的目的，应采取先进的灌水技术。基本要求是使灌溉田块受水均匀，不产生地面流失、深层渗漏及土壤结构破坏等情况。小麦灌水方法主要有畦灌、沟灌和喷灌。

1. 常规灌溉模式

（1）畦灌。畦灌常用于北方麦区。其具体做法是在平整土地的基础上，利用修筑好的土埂，将麦田分隔成若干个小畦进行分别灌水。畦田规格主要取决于水源、土壤性质、地面坡度等。土壤透水性强、地面坡度小、土地不够平整时，畦长宜短；反之，则可稍长。其畦面坡度以 0.1%~0.3%最为适宜。灌水时，先引水入畦，使水在田面上以连续水层沿畦田坡度方向移动，湿润土层。在进行畦灌时，掌握好适宜流量是非常重要的。为使灌水均匀，应控制入畦流量。一般在地面坡度为 0.3%的黏土或壤土地，畦长 40~50 m 的情况下，单宽流量为 3~4 L/s

即可。一般沙土地入畦流量可大些。只有流量大小适宜，才做到地表不冲刷，畦面首尾受水均匀，根系活动层内土壤湿度相近。如果流量过大，水在畦内流动过快，容易发生上冲下淤，畦首受水不足，畦尾渗水量偏大，灌水不均的现象；流量过小，出现畦首渗水深，畦尾渗水浅，甚至出现计划水量浇完，畦尾仍灌不上水的现象。

(2)沟灌。沟灌是我国各麦区常用的灌溉方法。沟灌有着其他灌溉方式无法比拟的优势，采取沟灌遇旱既能灌水，遇涝又可利用沟来排水。稻麦两熟区的沟灌是利用厢沟或垄沟引水灌溉。水集中在沟内借毛细管作用向两侧浸润，这种方法不仅比畦灌省水，而且可减少表土板结。需要注意的是，沟灌须在每块田的四周开挖输水沟，要求灌水沟与输水沟垂直，输水沟稍深于灌水沟，便于排水，灌水深度以保持在沟深的 2/3 或 3/4 为宜。

2. 节水灌溉模式

(1)喷灌。喷灌有固定、半固定和移动三种形式。固定式喷灌设备投资高，但操作方便，灌溉效率高；半固定式是动力、水泵相干管固定，喷头和支管可以移动，设备投资比固定式少；移动式喷灌机，设备简单，使用灵活，投资少，但管理的劳动强度较大。喷灌与其他传统灌溉方式相比，具有许多优点：①省水。这种灌溉方式节约水源，喷灌基本上不产生深层渗漏和地面径流，灌水比较均匀，一般较地面灌溉可节约水量 30%～50%，同时喷灌也扩大了灌溉面积。②喷灌时喷洒水点小，很少破坏土壤结构。③喷灌与畦灌相比，不必修埂打畦，节省人力物力，同时也减少渠道占地面积，提高土地利用率。但喷灌也有一定的局限性：①易受风力影响，一般在 3～4 级以上大风时，灌溉均匀度明显降低。②空气湿度过低时，水滴未落到地面之前，在空中的蒸发损失较大。③只表土湿润，深层土壤湿润不够，影响小麦根系深扎，难以抗御严重干旱。④在高产田后期喷灌时，容易造成倒伏。在具体运用时，要注意克服这些缺点。

(2)滴灌。其主要优点是：①节水，节能。②不破坏土壤，不板结土壤，土壤通气良好，养分充足，适合于各种地形与土质条件。滴灌系统包括水源、首部控制枢纽、各级输水管道和滴头四部分。可分不固定灌溉和移动式灌溉两种，目前，这种灌溉方法应用于大田小麦生产的还不多。

(3)地下管道输水与管道灌溉。与其他灌溉方式相比，该灌溉方式具有以下优势：①输水速度快，与传统的土渠道相比，管道输水 1 000 m 距离仅用 3～5 min，而土渠需 1～2 h。②省水，省地，省劳力。研究表明，由于管道输水减少水分蒸发与渗漏，可节水 20%～40%，降低成本 30% 左右，不仅节省劳力，而且管道占地少，省地。

（4）水泥防渗渠灌溉。该方式最大的优势是，能使蓄水设施贮存的水最大限度地注入麦田，使有限的水源发挥最大的效益。修建水泥防渗渠时要将水源以下各级渠道按 1/300～1/400 下降坡度，建成"U"字型水泥防渗渠。渠道深、宽均为 0.4～0.7 m，用水泥浇筑（也可用石头垒好后，用水泥砂浆抹面）10～30 cm。水泥防渗渠修建的大小视水源的具体情况而定，水源足、流量大，渠道长的要大些；水源少、流量小，渠道短的要小些。

（四）冬小麦节水灌溉的主要措施

1. 播前进行贮蓄灌溉

为满足小麦生长期的水分需要，小麦播前应采用大定额灌水的灌溉方法。研究发现，当土层湿度达到 50～200 cm 时，有利于小麦根系下扎，增加深层根系比例，形成粗苗壮苗。大定额灌水方法使小麦在生育期间不仅可利用土壤进行深层蓄水，而且减少了因频繁灌溉而造成的大量土壤蒸发。

2. 灌小麦关键水

小麦在不同时期对水的需求量也有所区别，根据这一特点采用灌关键水的方法是一项有效的节水措施。如果冬前墒情较好，采取灌拔节水和孕穗水的方法效果最好；如果冬前墒情不好，采取灌冬水和孕穗水的方法效果较为明显。因此，在水资源较为短缺的情况下，保证小麦关键时期用水，是提高水分利用率、实现高产、高效的重要措施。

3. 硬化水渠，减少渗漏

通过平整土地的方法可以达到节水的效果，实践证明土地平整可提高灌水效率 30%～50%，节约用水 50% 以上。为提高灌水质量还可对骨干水渠加设防渗设施，努力做到滴水归田。

4. 采用先进的灌溉技术

我国水资源短缺，现有储水量很难满足小麦的生长需要。在此情况下采用喷灌、滴灌、渗灌及管道灌溉等先进的灌水技术，成为节水的有效手段之一。研究发现，喷灌比地面灌溉节水 20%～40%；渗灌比畦灌节水 40%；滴灌可比畦灌省水 3/4～5/6。此外，先进的灌溉技术一般不会导致土壤板结及养分淋溶，有利于土壤水、肥、气、热的协调作用和微生物的活动，促进养分转化，从而提高小麦产量。

5. 灌溉与其他农艺措施相结合

在麦田完成灌水后，应及时采取中耕松土、地膜覆盖等蓄水保墒措施。这样不仅可以防止水分蒸发，提高水分利用效率，还可以达到节水的目的。

二、小麦科学施肥技术

(一)小麦需肥特性

(1)与其他作物相比，小麦是需肥量较多的农作物之一。因为小麦生育期较长，并且大半处于低温时期，土温低，有机质分解慢，幼苗期长，所施基肥易流失；当遇干旱条件时，磷、钾的养分形态不易被根系吸收，钾又不能通过灌水来供应。小麦品种不同，尤其是矮秆高产品种和高秆地方品种，需肥量差异很大，有人称高产品种即为对肥水的高敏感品种。

(2)随着幼苗生长，干物质积累增加，吸肥量不断增加，至孕穗、开花期达到高峰，以后则逐渐下降，成熟期停止吸收，但在三要素之间，不同生育期也有一定差异。氮素在苗期含量最高，反应敏感；而单位面积日吸收量则有拔节至孕穗、开花至成熟两个高峰。磷素的含量比较平稳，日吸收量随小麦生长逐渐增加，直至成熟。钾在拔节时，含量已达最高，以后则迅速降低，而日吸收量以孕穗、开花期最多，后期需钾较少。

(3)小麦在不同生态地区、土壤条件、品种类型和栽培水平下，对氮磷钾的吸收量差别很大。分析结果表明，平均每生产 100 kg 小麦籽粒，大致需要从土壤中吸收纯氮 3.0～3.5 kg、磷 1.0～1.5 kg、钾 2.0～4.0 kg。随着小麦产量的提高，对磷、钾的吸收量也有明显增加的趋势。在每公顷 4 500 kg 左右的产量水平时三者比例约为 3∶1∶3，而当产量提高到每公顷 7 500 kg 的水平时，则接近于 2.6∶1.0∶3.5。需要注意的是，如果施肥量超过品种生产潜力，也会引起倒伏，所以也应把握好施肥的尺度，做到科学合理施肥。

(4)不同时期小麦对矿质元素的需求也不同。因为小麦在不同时期形成不同的器官，而这些器官对矿质元素含量的需求又存在一定差异。除此之外，小麦在不同生育期的生长中心也不同，施肥只是对当时代谢旺盛、生长势较强的部位作用最大。

(二)化肥施用原则

1. 增施最缺乏的营养元素

小麦施肥前，对土壤养分做好调查工作。需要弄清土壤中限制产量提高的最主要营养元素是什么，只有补充这种元素，其他元素才能发挥应有的作用。根据目前小麦施肥情况看，土壤中磷素缺失成为限制产量提高的最小养分，增施磷肥可显著提高小麦产量。而随着麦田氮素化肥用量的增加，增施氮肥的效果不太明显。

2. 有机肥与化肥合理配施

有机肥指的是含有机质较多的农家肥，该肥料与化学肥料相比具有肥源广、成本低、养分全、肥效长，含有机质多，能改良土壤等优点。有机肥除含有小麦生长必需的氮、磷、钾三要素外，同时还含有钙、镁、硫、铁及其他一些微量元素。有机质经过长时间的腐殖化后，形成一定数量的腐殖质，可促进土壤团粒结构的形成，改良土壤的理化性状，改善耕作性能，防止土壤板结，提高土壤肥力，同时可促进土壤微生物活动，加速土壤养分有效化过程和提高化学肥料利用率等，具有较长的肥效持久性，化肥与有机肥相比具有养分含量高、肥效快等优点。由于小麦营养期较长，需肥较多，一方面在整个生长期需要源源不断供给养分，另一方面，在小麦的关键生育时期需肥较多，出现需肥高峰期，仅靠单一的增施化肥是不能满足小麦生长发育需要的。因此，施肥时将化肥同有机肥配合施用，这样可以弥补有机肥含养分较低，肥效缓慢的弱点，及时提供满足小麦生长发育的养分需要。不同麦田，需肥量也存在一定差异，对于高产麦田来说，一般亩施有机肥应在 3 000 kg 以上。实践证明，只有以有机肥为主，有机肥和化肥配合施用，才能保证小麦连年持续增产。

3. 底肥与追肥的合理配合

小麦在不同的生长发育阶段对氮磷钾的需求量也有所不同。从出苗到拔节期对磷、钾的吸收量占总吸收量的 1/3 左右。由此可见，麦田施肥应以底肥为主，追肥为辅。对于中高产麦田来说，化肥底施和在拔节期追肥的比例以总施氮量的 7∶3 或 6∶4 效果最好。而在干旱少雨的丘陵旱地，使用化肥以全部底施为主效果最好。麦田追施化肥时如果注意浇水，吸收效果更好。

4. 根据土壤质地、茬口和光温条件确定施肥量

与细质黏土相比，粗质沙性土壤及中等质地的土壤养分亏缺的可能性大，保肥能力也差，故应增加施肥量，并采用分次施肥的办法，以避免因一次集中施肥而使养分过多流失。对于前茬作物生育期长、养分消耗多、土壤休闲时间短的麦田，应通过增加施肥量的方法补充肥力，以满足小麦增产的需要；在温度偏低、光照不足的气候条件下，小麦生育进程缓慢，充足的氮素供应可延长营养生长的持续时间，但对生殖生长不利。因此，应适当控制氮肥而相对增加磷钾肥的使用量。此外，水浇地使用化肥的增产作用明显大于干旱条件，因此，水浇地化肥用量可高于旱地。

(三)如何提高肥料利用率

对麦田进行适时适量的施肥，是实现小麦高产稳产的重要措施。但在施肥过

程中常出现农家肥施用少，化肥施用不科学、不合理的现象，导致肥料利用率偏低，其中化肥利用率仅 35％，与发达国家相比差距很大，因此提高小麦肥料利用率非常重要。根据长期生产实践经验和研究结果，总结出提高施肥（特别是化肥）利用率的有效措施如下。

1. 增施有机肥，培肥地力

有机肥具有自主积造的特点，而且与化学肥料相比所含养分全面，肥效较长，对改良土壤，提高麦田肥力起着至关重要的作用。

2. 平衡施肥

施肥前对土壤养分含量进行化验检测，根据测验结果确定施肥的种类和数量，如果各种肥料配合施用效果更好。

3. 改进化肥施用方法

科学的施肥方法能提高肥料的利用率，节省开支。为减少氮肥的挥发损失，底肥应条施或窝施，拔节肥应伴随浇水进行撒施，使肥料尽快渗入土壤。磷肥最好与有机肥混合后再集中沟施或窝施，这样可以减少磷肥与土壤的接触，防止水溶性磷的固定。同时，有机肥分解时产生的有机酸还可以促进难溶性磷肥的溶解，磷素又能促进微生物的活动，加速有机肥的分解。由于钾肥移动性小，因此施用钾肥时宜集中施于小麦根群附近。

4. 采用综合增产措施，发挥肥料最大增产效益

只有施肥、浇水、除草等各种措施综合使用，才能发挥化肥最大肥效，达到高产高效的目的。例如选用适宜的播种密度，安排最佳的播种期，认真防除杂草等，都可使较少肥料发挥出较大的增产效果；反之，如果只顾增施肥料而忽视其他治理措施，结果往往事倍功半。既加大了投入成本，又得不到相应的高产效果。

（四）化肥深施技术

实践证明，采取化肥深施技术可以提高化肥利用率，降低成本，提高效益和产量。常用化肥深施技术如下。

1. 碳酸氢铵深施技术

碳酸氢铵因其投资少，成本低，生产比较容易，施入土壤后易分解，不留任何有害物质，适于各种土壤和作物，成为我国目前生产的主要氮肥种类品种之一。但是，碳酸氢铵极易以氨气挥发损失，俗称"气肥"。而且温度越高，与空气接触面积越大，分解越快，损失越重。因此，常对其采用深施技术。实践证明，一般深施可以提高肥料利用率 20％～30％。深施后，碳酸氢铵可与空气隔开，并被土壤吸附，防止挥发，提高利用率。所以，碳酸氢铵作底肥时，应在开墒后随在犁前撒入沟内，追肥时用手工或机具顺行开沟，或挖穴，深施后及时覆土浇水，利用效果更理想。

2. 尿素深施技术

尿素含氮量高达46%，易溶于水，对土壤不含杂质，适于各种土壤和各种作物施用。尿素施入土壤后，有一个转化过程。即施入土壤中的尿素经微生物分泌的脲酶作用转化生成碳酸铵或碳酸氢铵，再被小麦吸收利用。若在土壤表面完成转化，造成氮的大量挥发损失，所以施用尿素也要求深施10 cm，如果表施，则在施后立即浇适量小水。

3. 磷肥深施技术

磷肥通常包括过磷酸钙、钙镁磷肥等，由于磷有被固定和移动性小的性质，为提高肥效可条施、穴施或分层施，集中施在小麦根系附近，利于吸收并减少与土壤的接触面积以减少固定。

4. 复合肥深施技术

复合肥如磷酸二铵，含磷较高，质量较好，可条施作基肥，撒犁沟或播种前深耩10～13 cm，再按沟耩种，或开沟施肥后再平沟播种。如播种前未施磷肥或用量较少，可在以后的生长过程中追施，施后浇水。

（五）肥料与农药的混后施用

在小麦的整个生长发育期，病虫害都有可能发生，需要采用药剂进行及时防治。与此同时又要进行根外喷肥以满足小麦的生长需要。这时应特别注意药、肥混施造成的不良后果。药肥能否混合关键在于农药和肥料的酸碱性质问题。一般酸性农药不能与碱性肥料混用，否则药肥易发生化学反应而失效；铵态氮肥及水溶性磷肥不能与碱性农药混用，否则影响肥料有效成分作用的发挥；草木灰水不能与乐果药液同喷，否则降低药效；含砷农药（砒酸铅、福砷等）不能与钠盐、钾盐肥料混用，否则产生较多的水溶性砷，增加药害。另外，一些肥料与农药同时使用，不但无害，还提高其利用率，达到事半功倍的效果。如2，4-D类除草剂与化肥混用时，不仅对作物无害，而且能显著提高杀草效果；五氯酚钠和氮肥混用时，能抑制土壤硝化作用，提高氮肥肥效；除草醚、敌稗与氮肥混用也能收到良好效果。

（六）种肥的施用

在小麦播种时经常同时施入种肥。为便于吸收，种肥要求集中施在种子附近，对促根壮蘖、培育壮苗有明显作用。尤其针对土壤瘠薄，底肥不足或误期晚播的情况，施用种肥的增产作用更加明显。实践证明，每亩用 2.5～4 kg 硫酸铵作种肥，每千克肥料可使小麦增产 5 kg 左右，每亩用 5～10 kg 过磷酸钙作种肥，每千克肥料可使小麦增产 1.5～3 kg。为使种肥达到最大限度的利用率，在施用时要注意以下几个问题。

1. 肥料选择

由于种肥距离种子及幼苗较近，对种子及幼苗的影响明显，因此在选用种肥时，必须采用对种子或幼芽副作用小的速效肥料。在常用的化肥中，硫酸铵吸湿性小，易于溶解，适量施用对种子和幼苗生长无不良影响，适合作小麦种肥。过磷酸钙易于溶解，在土壤中移动性小，钙镁磷肥无腐蚀性，物理性好，都可作为种肥。磷酸铵含氮、磷量高，作种肥效果最好。而尿素虽然含氮量高，但因其含有缩二脲，影响种子萌发和幼苗生长，故一般不宜与种子混合播种。另外，如果将优质有机肥中的厩肥、牛羊粪、猪鸡粪等与氮磷化肥混制成颗粒状作小麦种肥，肥力效果更好。此外，有些麦区用磷酸二氢钾或细菌肥料进行拌种，或用微量元素作为小麦种肥，均有一定的增产效果。

2. 施用方法

当用硫酸铵与小麦种子混播时，每亩用 3～4 kg，或者按种子量的 1/2 与麦种干拌均匀后混合播种。用尿素与种子混播时，应严格控制尿素用量，每亩以 1.5～2 kg 为宜，最高不能超过 2.5 kg，并且随拌随播。因为尿素对种子有一定的伤害，最好将种子和肥料分structure，避免肥料和种子接触，尿素用量可增加到 5～8 kg。若用颗粒状磷酸铵作种肥，用量一般为每亩 5～10 kg。种子与种肥混播时，最好用装有土粒或种子的口袋，压在种子箱内的种子上，可以避免种子和种肥混播不匀的现象发生。在机播条件下，如用氮、磷化肥作种肥，可在播种机上加装种肥箱，以便同时下种和下肥，无论粉状或粒状化肥，均可达到集中施肥的效果。在使用小麦种肥时，因为有些化肥品种对小麦种子和幼苗具有毒害作用，通常不宜做种肥使用，主要有以下三类。

(1)对种子有腐蚀作用的肥料。碳酸氢铵具有吸湿性、腐蚀性和挥发性，过磷酸钙对种子有强烈的腐蚀作用，用这些化肥作种肥，对小麦种子发芽和幼苗生长将产生严重危害。如必须用这些化肥作种肥，应避免与种子直接接触，可将碳酸氢铵在播种沟下或与种子相隔一定的土层，或将过磷酸钙与灰杂肥混合后施用。

(2)对种子有毒害作用的肥料。尿素因其含氮量较高，在农业生产中使用率较高。但因其含有缩二脲，对种子和幼苗产生毒害作用。另外，游离状态的尿素分子也会渗入种子的蛋白质结构中，使蛋白质变性，降低种子发芽出苗率。

（3）含有有害离子的肥料。施入土壤后氯化铵、氯化钾等化肥中的氯离子，产生水溶性的氯化物，对小麦种子发芽、生根和幼苗生长极为不利。另外，硝酸铵和硝酸钾等肥料中的硝酸根离子，对小麦种子的发芽也有一定的影响，因而不宜作种肥施用。

（七）配方施肥

1. 施肥量

（1）低产麦田。一般要求亩施有机肥 3 000 kg，标准磷肥 60～70 kg，尿素 25 kg。

（2）中产麦田。一般要求亩施有机肥 3 000～4 000 kg，饼肥 50 kg，标准磷肥 70～80 kg，尿素 25～30 kg。

（3）高产麦田。一般要求亩施有机肥 4 000～5 000 kg，饼肥 50 kg，标准磷肥 80～90 kg，尿素 35 kg，钾肥 10～15 kg，锌肥 1.5～2 kg。

（4）晚茬麦田。一般要求亩施有机肥 4 000 kg 左右，标准磷肥 75 kg，尿素 25 kg。

2. 施肥方法

（1）种肥。一般亩用硫铵 4～5 kg，或尿素和二铵 2 kg，注意用量不宜过多，以免烧苗。

（2）氮肥。对于旱薄型低产田，或常年浇不上水的麦田，使用方法是用 70％ 作底肥，30％ 作追肥，或全部作底肥；对于砂薄型低产田，要采取少量多次的施肥方法，底肥和追肥各半；对于中高产田可用总氮量的 50％～70％ 作底肥，50％～30％ 作追肥。

（3）磷肥。施用方法简单，可全部作底肥，并分层施用，也可 70％ 于耕翻前撒施，30％ 在耕播后撒耙头。

（4）有机肥、饼肥、钾肥和微肥。通常全部一次作底肥。

（八）根外追肥

根外追肥（也称"叶面追肥"），其具体做法是，不将肥料施入土壤，而是施在作物的地上部器官，通过地上部器官（主要是叶片）来获取肥料中的有效养分。

1. 施肥时间和种类

主要在生育后期进行根外追肥，追肥的时间和种类根据天气、土壤状况及小麦生长情况而定。根外追肥应选择在晴天无风时进行，雨天喷肥效果不好，喷肥也可和后期病虫害防治结合进行；根据土壤营养状况、小麦长势具体确定追施肥料的种类和数量。

2. 施肥方法

(1)从抽穗到乳熟期如果发现小麦叶色发黄、脱肥早衰，应重点喷施氮素化肥。具体方法是每亩用 50～60 kg，1%～2% 尿素或 2%～4% 硫酸铵溶液进行喷施，增产效果十分显著，通常喷 1～2 次可增产小麦 5%～10%，高的可增产 20% 左右。

(2)对于没有早衰现象的高产麦田和可能贪青晚熟的麦田，一般不再追施氮素化肥。对于这两类麦田，应重点喷施 0.2%～0.4% 浓度的磷酸二氢钾溶液或 5% 的草木灰水，每亩 50～60 kg，均能获得明显的增产效果。一般可提高千粒重 1～3 g，增产 5% 以上，高的可在 15% 左右。

(3)对于施氮肥较多而造成磷肥缺失的麦田，应重点喷施 2%～4% 的过磷酸钙溶液，每亩 560 kg。能达到促进籽粒灌浆、提高千粒重的效果。

(4)对于中、低产麦田可采取氮磷混合喷施的方法，该方法对促进籽粒灌浆、延缓植株衰老有十分明显的效果。另外，当有干热风时，无论何种麦田，喷施磷酸二氢钾或草木灰水等，均有防御干热风的作用。

第五节　小麦绿色高产高效栽培技术

为解决秸秆还田实施后小麦生产中出现的整地质量差、播种质量下降、病虫害发生加重、施肥技术不规范、农机农艺不配套等一系列突出问题，开展了高产抗逆品种选择、秸秆处理、播前整地、规范播种、优化施肥、纹枯病综合防控、节水灌溉、关键机械改进等八项关键技术研究，从而优化、组装集成了以"抗逆品种选择＋播前整地＋规范播种＋优化施肥＋纹枯病综合防控＋关键机械改进"为核心内容的小麦绿色高产高效栽培技术规程，最大限度地挖掘出优良品种在生产中存在的增产潜力，具体内容如下。

一、品种选择

选用有高产潜力、分蘖成穗率高，多穗型或中穗型的品种，黄淮麦区选择冬性或半冬性品种，所选品种应经过国家或省级品种审定委员会审定，并经过当地试验示范，适应当地生产条件，抗倒伏及对当地主要病、灾害具有一定抗逆性等特性，种子质量应达到国家种子质量标准，如济麦 22、良星 99、矮抗 58、山农 17、石优 20、泰农 29 等品种，从而调整小麦品种布局，优化小麦品质结构，促进小麦生产挖潜、提质和增效。

二、播前整地

1. 秸秆还田

秸秆还田机械要选用甩刀式、直刀式、铡切式等秸秆粉碎性能高的机具，确保玉米秸秆切碎、粉细、撒匀，确保作业质量。粉碎秸秆长度小于 5 cm，田间抛撒均匀度大于85％。该机型进行作业时一定要在田间土壤干湿度适宜进行效果好。

2. 深耕细耙，精细整地

玉米秸秆还田后增加耕翻深度，打破犁底层。对旋耕麦田，实行隔 2 年深耕一次比较经济，深度 25 cm 以下，以利于前茬秸秆和基肥深翻入土，提高养分利用率。若进行深松，宜掌握松深 30 cm，一般间隔 2～3 年深松 1 次。耕后机耙 2～3 遍，达到上虚下实、地平土碎的整地标准。

三、规范播种

1. 种子处理

采用合适的种衣剂进行包衣，没有包衣的采用药剂拌种，杜绝白籽下田。要根据当地病虫种类，选择高效低毒的对应种衣剂和拌种剂，按照推荐剂量使用，且符合国家相关标准规定。对纹枯病、根腐病、腥黑穗病等多种病害重发区，可选用2％戊唑醇或20％三唑醇拌种。对于小麦全蚀病重发区，可选用12.5％全蚀净悬浮剂拌种。防治地下害虫可用 40％甲基异硫磷乳油或 48％毒死蜱乳油或 50％辛硫磷乳油拌种。多种病虫混发区，采用杀菌剂和杀虫剂各计各量混合使用，地下害虫重发区要进行土壤处理。

2. 适墒播种

土壤墒情好的年份，可适期播种，绝大部分秸秆还田地表层土壤孔隙大，水分散失快，难保正常出苗或出苗质量；秸秆还田地大力推行播后低成本微喷灌技术确保秸秆还田条件下小麦一播全苗匀苗。

3. 适期适量适法播种

根据秋季气候特点和小麦目前的生产情况，在播期方面要避免播种过早，鲁西南地区平均 10 月 10 日开始进入播种适期，其最佳播期范围是 10 月 10 日至 10 月 20 日。根据播期整地质量调整播量，着力提高播种质量。采用半精播是获得高产、稳产的有效措施，在适期播种范围内的适宜基本苗范围是 14 万～18 万苗/亩，其亩播量一般为 8～10 kg。

4. 提高播种质量

(1)优化播种方式

通过试验研究得出：播量 225 万株/公顷基本苗，播深 3～4 cm，播后镇压处理的播种方式，可保证小麦高质量出苗及安全越冬，达到高产稳产的目的。

(2)选用合适的播种机具

根据当地实际和农艺要求，选用带有镇压装置的精少量播种机具，应达到以下播种要求。

①增加镇压力度：播种机的镇压力度不够的，可提前调整好播种机的镇压力度，加强压力，防止透风跑墒，保出苗齐全；也可根据播种行距，专门定制可调行距的镇压机具，进行播后镇压，以达保墒、保出苗、减轻冻害的效果。

②根据品种类型调整行距：株型中等或稍松散类型的品种，平均行距宜 25～28 cm；株型紧凑或稍紧凑类型的品种，平均行距宜 22～25 cm，有利于亩穗数达到合理的范围而提高产量。

③调整适宜的播种深度：播种深度宜在 3～4 cm，利于培育壮苗；播种机中间几垄的播种深度应提升 3 cm 左右，以防中间几垄播种过深影响出苗或降低苗质形成弱苗。

四、优化施肥

1. 科学施肥

遵循"减氮、控磷、稳钾和补硫、锌等中微量元素肥料"施肥原则，依据产量目标、土壤肥力等开展测土配方施肥，优化氮、磷、钾配比，促进大量元素与中微量元素配合，实行精准施肥。

基施化肥的种类和数量要在测土基础上根据土壤养分情况确定，一般地块参考基肥施用量为：亩施尿素 15 kg，磷酸二铵 10～15 kg，硫酸钾（或氯化钾）15～20 kg，硫酸锌 1～1.5 kg，硫酸亚铁 1～1.5 kg，在施入大量优质有机肥的情况下，可减少氮素化肥用量。

2. 推广水肥一体化技术

将灌溉与施肥融为一体的农业新技术，借助压力灌溉系统将固体肥料（液体肥料）配备而成的肥液，与灌溉水一体准确均匀地输送到作物根部，达到了精准、节肥、增效的效果，充分发挥了节水节肥优势，提高了作物产量，改善作物品质，增加效益。

五、病虫害综合防控

1. 统防统治

起身至抽穗期，结合病虫测报，采用病虫绿色防控技术，开展病虫草害统防统治。适时机械化学除草，重点防治纹枯病、条锈病、白粉病、赤霉病、吸浆虫、蚜虫等病虫草害。抽穗期开始，结合病虫防治开展一喷三防，选用适宜杀虫剂、杀菌剂和磷酸二氢钾，各计各量，现配现用，机械喷防，防病、防虫、防早衰（干热风）。

2. 纹枯病防控技术

筛选出中抗及高抗纹枯病品种 10 个及在保证基本苗的前提下，适当降低播量＋4.8％的苯醚·咯菌腈种衣剂进行拌种＋25％的戊唑醇和苯甲丙环唑各防治 1 次，可以有效减轻纹枯病等病害的发生，有利于小麦产量的提高。

六、节水灌溉

秸秆还田地块、播种或苗期遇旱田块要根据墒情实行定量灌溉，其他时期充分利用自然降水补充土壤水分，严重亏空时进行抗旱灌溉。大力推广低成本微灌溉方式，防止大水漫灌，提高水资源利用率。我们进行了低成本小麦微喷灌溉技术研究与效果试验。研究集成了低成本小麦微喷灌溉技术的典型地块设计、配套设备和技术要点，并以常规畦灌为对照，在小麦生产上进行了节水、增产、增效试验，结果显示，采用该技术进行小麦生产，能够节水 29.2％～41.7％、节地 10.8％、节肥 10.6％、省工 67.4％、省电 27.1％，使小麦增产 6.8％。小麦微喷灌溉在有效节省水、肥、电、地、工的基础上实现了小麦显著增产，是一项具有发展潜力的新技术。

七、冬前管理

冬前日均温 1 ℃以上时，根据麦田杂草类别选择相应除草剂防除麦田杂草。一般在日均温 3～4 ℃时，根据土壤墒情适时浇灌越冬水，保苗安全越冬。加强麦田管护，严防畜禽啃青。

八、重施拔节肥水

节省返青肥水，拔节期结合浇水追纯氮 6～7 千克/亩。

九、机械收获

籽粒蜡熟末期采用联合收割机及时收获，躲避"烂场雨"，防止穗发芽。

鲁西南小麦绿色增产增效技术集成模式，通过实行高产抗逆品种选择、秸秆处理、播前整地、优化施肥、纹枯病综合防控，提高了播种质量，节约了肥料成本，提高了肥料利用率，减少了秸秆焚烧和过度施肥带来的土壤和大气污染，实现了节本增效与生态环境保护协同推进，具有深远的推广意义。

第四章　小麦全程机械化生产技术

第一节　小麦的机械化播种

一、机械化播种的农艺要求

培育冬前壮苗是获得小麦高产的前提和保障。因此，小麦在机械化播种阶段有着较高的农艺要求。

1. 因地制宜选用小麦良种

良种是在原有亲本遗传特性的基础上，于一定自然条件和栽培条件下选育而成的，因而具有一定的适应性。只有当环境条件充分满足或适合品种的生态、生理和遗传特性的需求时，才能充分发挥其优良特性的增产潜力。因此，在生产中应根据本地区的气候、土壤、地力、种植制度、产量水平和病虫害情况等，选用适宜机械化播种的优良品种。

(1)根据本地区的气候条件，特别是温度条件，选用冬性或半冬性或春性品种种植。近几年，黄淮海麦区生产中存在半冬性品种种植区域北移的问题，由于冬前发育过快，在冬季或早春遭受冻害的现象，在生产中应予以重视。

(2)根据生产水平选用良种。例如，在旱薄地应选用抗旱耐瘠品种；在土层较厚、肥力较高的旱肥地，应选用抗旱耐肥的品种；而在肥水条件良好的高产田，应选用丰产潜力大的耐肥、抗倒品种。

(3)根据当地自然灾害的特点选用良种。如干热风重的地区，应选用抗早衰、抗青干的品种；锈病感染较重的地区应选用抗(耐)锈病的品种。

(4)籽粒品质和商品性好。包括营养品质好，加工品质符合制成品的要求，籽粒饱满、容重高、销售价格高。

(5)选用良种要经过试验、示范。在生产上既要根据生产条件的变化和产量的提高，不断更换新品种，也要防止不经过试验就大量引种调种而频繁更换良种，在种植当地主要推广良种的同时，要注意积极引进新品种进行试验、示范，并做好种子繁育工作，以便确定"接班"品种，保持生产用种的高质量。

2. 确定小麦适宜播种期

小麦适期播种可以充分利用冬前的热量资源，培育壮苗，形成健壮的大分蘖和发达的根系，制造积累较多的养分，为提高成穗率、培育壮秆大穗奠定基础。确定小麦适宜的播期应从以下几方面考虑。

(1)品种特性。根据品种通过春化阶段所要求的低温强弱和时间长短，分为冬性、弱冬性、春性，其要求的适宜播期有严格区别。在同一纬度、海拔高度和相同的生产条件下，春性品种应适当晚播，冬性品种应适当早播。

(2)地理位置和地势。一般是纬度和海拔越高，气温越低，播期就应早一些，反之则应晚一些。海拔高度每增加 100 m，播期提早 4 d 左右；同一海拔高度不同纬度时，一般情况下纬度递减 1°，播期推迟 4 d 左右。

(3)冬前积温状况。此处的积温指的是某一时间段内日平均气温在 0 ℃ 以上的日平均气温总和。小麦各个生长发育时期，都需要一定的积温。冬前积温指的是从小麦播种到小麦越冬期间的积温。

一般小麦冬前壮苗要求冬前积温在 550～650 ℃，生产上要根据当年气象预报加以适当调整。

3. 麦田整地

由于不同地区生态条件复杂，土壤种类多样，麦田整地技术不能强求一律，应以深耕为基础，少耕为方向，简化耕作次数，降低耕作费用，减少能源消耗，做到因地制宜，有针对性地进行合理耕作。

水肥地多属冲积平原或洪积平原，地势平坦，多为壤土，土层深厚，肥力较高，耕性好，保水保肥力强，小麦产量水平较高。这类麦田整地：一是要求深耕，深耕的适宜深度为 25～30 cm；二是要求保证小麦播种具备充足的底墒和口墒。深耕后效果可维持 3 年，因此生产上可实行 2～3 年深耕一次。墒情不足时要浇好底墒水。丘陵旱地的主要障碍因素是干旱缺水，必须最大限度地接纳雨水，增加土壤深层水分储备，当秋作物成熟后抓紧收割腾茬，结合施底肥随犁随耙，反复细耙，保住口墒。黏土地质地黏重、通气性差、适耕期短、耕性差。这类麦田耕作整地的关键在于严格掌握适耕期，充分利用冻融、干湿、风化等自然因素，使耕层土壤膨松，保持良好的结构状态；播前整地可采取少耕措施，一犁多耙，早耕早耙，保持下层不板结，上层无坷垃，疏松细碎，提高土壤水肥效应。

4. 播种前种子处理

播种前种子处理，有促进小麦早长快发、增根促蘖、提高粒重等重要作用。

常用的种子处理方法有以下几种。

(1)发芽试验。播种前进行种子发芽试验,可避免因种子发芽率过低而造成的损失,并为确定适宜的播种量提供依据。因此,在小麦播种前,应随机取用待播种子进行发芽试验。当发芽率在90%以上时,可按预定播种量播种;发芽率在85%～90%的可适当增加播种量;发芽率在80%以下的则要更换种子。

(2)播前晒种。小麦播种前晒种,可以促进种子的后熟,打破种子休眠期,提高发芽率和发芽势,并能杀死种子上的部分病菌,对于打好播种基础十分必要。可在播种前10 d将种子摊在苇席或防水布上,厚度以5～7 cm为宜,连续晒2～3 d,随时翻动,晚上堆好盖好,直到牙咬种子发响为止。注意不要在水泥地、铁板、石板和沥青路面等上面晒种,以防高温烫伤种子,降低发芽率。

(3)种子包衣。为有效预防多种土传和种传病害,以及苗期害虫危害,提高小麦的抗逆性,促进壮苗、提高成苗率,通常在小麦播种前进行种子包衣或药剂拌种。不同配方的种衣剂,对不同的病虫害有预防作用。当前种衣剂较多,应针对不同地区的主要病虫害,选择合适的种衣剂,而不是种衣剂越贵越好。

(4)药剂浸种或拌种。在干旱和干热风常发区,每亩用抗旱剂1号50 g加水1.0 kg拌种,可刺激幼苗生根,促使根系下扎,减少叶面蒸腾,达到抗旱增产的目的;在高水肥地播种前结合药剂拌种,每亩用50%矮壮素50 g,或用0.5%矮壮素浸种,可促进小麦提前分蘖、麦苗生长健壮,并对预防小麦倒伏有明显效果。

(5)微肥拌种。在缺某种微量元素的地区,因地制宜,用0.2%～0.4%的磷酸二氢钾、0.05%～0.1%的钼酸、0.1%～0.2%的硫酸锌、0.2%的硼砂或硼酸溶液浸种,都有一定的增产作用。

5. 确定适宜的播种量

"以地定产、以产定穗、以穗定苗、以苗定种"是确定小麦播种量的原则。即根据每个地块的水肥条件和管理水平,定出该地块的产量指标,再根据预定的单位面积产量算出所需要的单位面积穗数,有了单位面积穗数再根据品种和播期算出所需要的基本苗数,根据需要的基本苗数和种子的发芽率及田间出苗率,算出播种量。

确定适宜播量与品种特性有密切关系,因为在同一地区、同样条件下,不同品种的分蘖能力、单株成穗数、叶面积和适宜的单位面积穗数都有很大差别。与播期早晚也有关系,播期早,冬前积温较多,分蘖多,成穗较多,基本苗宜稀,播量应适当减少,播期晚的相反,因当时温度较低,冬前积温较少,形成的分蘖和成穗数也随之减少，基本苗宜稀，播量可酌情增加。另外，确定播量也应考虑土壤肥力水平，肥力基础较高、水肥充足的麦田，小麦分蘖多，成穗也多，应以分蘖成穗为主，基本苗宜稀，播量宜少。地力瘠薄，水肥条件不足的麦田，小麦的分蘖及成穗都受到一定影响，分蘖少，成穗率低，应以主茎成穗为主，基本苗宜稀，播量宜相应增加。

6. 足墒播种

足墒播种是指在足墒的条件下播种小麦。足墒的指标是土壤湿度为田间持水量的80%左右，即所谓"黑墒""透墒"。农民曾有"犁前出明冬，冬前好麦苗"的说法，形象地说明底墒的重要，因冬前壮苗是小麦高产的基础和关键，而它的前提离不开足墒下种。

土壤水分，尤其是耕作层土壤水分状况对小麦种子的萌发有直接关系，休眠的小麦种子一般含水量不超过12%，当种子从土壤中吸水使含水量达到种子干重的20%～25%时，胚胎开始萌动，当含水量增加到50%左右时，小麦种子才能萌发。小麦种子的吸水力一般为8～12个大气压，其吸水速度与吸水量取决于种子吸水和土壤保水的能力。土壤水分太低，保水能力很强，种子难以吸水萌发，只有在适宜的土壤湿度下才利于种子的吸水与出苗。另外，底墒水对改善土壤的物理状况也有一定作用，麦田耕作后比较疏松，通过浇水可踏实表土、润湿土块，避免苗期土壤下沉而伤根。

要做到足墒播种，一般年份要进行播前灌水，根据秋作物腾茬的早晚、水源的难易情况及麦播的紧迫性，可分为三种形式：在前茬收获较早，水源条件又好的地区可灌踏墒水，即犁过的地块打畦或冲沟，而后沿沟畦灌水，灌水量掌握在每亩60～70 m³，待能进地时耙匀整平土地，即可播种；对于腾茬较晚、水源不很丰富的田块，可采用灌茬水的方法，即在前茬收获后(少数情况下可在收获前)先灌水，后翻地，整地后进行播种，用这种方式灌水量一般不大，在每亩50 m³左右；在晚秋腾茬较晚或井、渠负荷量大，轮灌期长，播前来不及灌水的田块，为争取农时，可在欠墒的情况下犁后整地，随即播种，跟着浇水，出苗后松土，即所谓蒙头水。蒙头水的效果不如踏墒水和灌茬水，但它是在特殊条件下的一种补救措施，能够补足耕层土壤中的水分亏缺，对于小麦出苗还是有利的。

7. 种肥分离

施肥播种机应遵循种肥分离的原则。深施肥应将肥料深施于种子下面5 cm以下，肥料侧施，也应与小麦种子的距离大于5 cm，防止烧苗。

8. 确定小麦播种深度和播种速度

小麦的播种深度对种子出苗及出苗后的生长都有重要影响。根据试验研究和生产实践，在土壤墒情适宜的条件下适期播种，播种深度 3～5 cm。底墒充足、地力较差和播种偏晚的地块，播种深度以 3 cm 左右为宜；墒情较差、地力较肥的地块可适当加深至 4～5 cm。大粒种子可稍深，小粒种子可稍浅。为确保小麦播种质量，播种时速一般控制在 5km/h 左右。此外还要强调播种后镇压，确保种、土紧密接触，实现苗全、齐、匀、壮。

二、科学规范的机械化播种技术

（一）小麦宽幅精量播种技术

小麦宽幅精量播种技术就是在秸秆还田深松旋耕压实的基础上，采用小麦宽幅精量播种机械一次进地完成开沟、播种、覆土、镇压等多项工序的农机化技术。其核心是"扩大行距，扩大播幅，健壮个体，提高产量"。

小麦宽幅精量播种技术有利于提高个体发育质量，构建合理群体；对小麦前期促蘖、中期攻粒，促进高产具有重要意义。

1. 技术要点与配套措施

（1）品种精选：选用有高产潜力、分蘖成穗率高、中多穗型或多穗型品种。

（2）精细整地：土壤深松（耕）整平，提高整地质量，杜绝以旋代耕；耕后撒毒饼或辛硫磷颗粒灭虫，防治地下害虫。

（3）精量播种：改传统小行距(15～20 cm)密集条播为等行距(22～26 cm)宽幅播种，改传统密集条播籽粒拥挤一条线为宽幅播(8 cm)种子分散式粒播，有利于种子分布均匀，无缺苗断垄、无疙瘩苗，克服了传统播种机密集条播，籽粒拥挤，争肥、争水、争营养，根少、苗弱的生长状况。

（4）适期适量播种。黄淮海地区小麦播期 10 月 3—15 日，播量每亩 7.5～10 kg。播种时墒情要足，墒情不好，提前造墒；若播后造墒，播种深度适当调浅。

（5）浇好越冬水，确保麦苗安全越冬。

2. 技术注意事项

（1）按照农艺要求，做好播种量和行距、播种深度的调整。

（2）作业过程中应随时检查播量、播深、行距、衔接行是否符合农艺要求。播完一块地后，应根据已播面积和已用种子，核对排量是否符合要求。

（3）作业过程中，机手要经常观察播种机各部件工作是否正常，特别是看排种、输种管是否堵塞、种子和肥料在箱内是否充足。

3. 常用机具种类与特点

小麦宽幅播种机按照开沟器种类分为圆盘式和双管尖角式宽幅播种机。双圆盘宽幅开沟器，苗带播宽可到 5 cm；三圆盘宽幅开沟器，苗带播宽可到 10 cm；双管尖角式宽幅开沟器，苗带播宽可到 8 cm。

（1）小麦宽幅精量播种机（图 4-1）。小麦宽幅精量播种机结构紧凑，操作简单，生产成本低，作业效率高，播种均匀，疙瘩苗少、缺苗断垄少，是实现小麦增产的新播种机具。

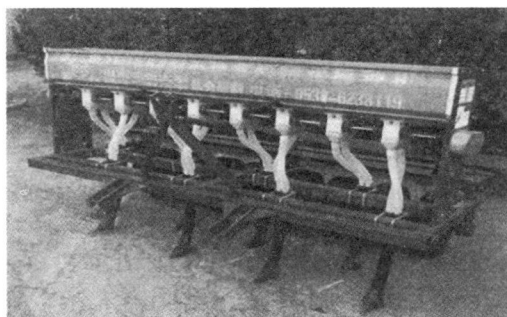

图 4-1　小麦宽幅精量播种机

①结构特点：排种器采用螺旋窝眼外侧囊肿式，实现均匀排种，精量播种。开沟器采用双管排列箭铲式开沟器，底部增加凸起式分种板，增加开沟宽度，实现宽幅播种。作业时，播种机通过悬挂架与拖拉机相连接，播种机在拖拉机牵引下前进，开沟器开出一条 8～10 cm 种沟。播种机镇压轮随播种机在地表滚动，带动链轮转动，通过链条带动种子箱排种器轴转动，实现均匀精量排种。种子通过输种管、开沟器，经分种板均匀落到中沟内，覆土器随即将种子覆土掩埋，镇压轮对种沟镇压，完成播种作业过程。②适用选择：2BJK 系列小麦宽幅精量播种机采用悬挂式结构，配套 35.3～44 kW 拖拉机，适用于玉米秸秆还田质量高的区域作业。

（2）小麦宽幅施肥播种机（图 4-2）。

图 4-2　小麦宽幅施肥播种机

①结构特点：该机采用单个排种器输种管以及单圆盘双护翼分种装置播种小麦，通过性好，播种宽度可达 8～12 cm，播种均匀度高，采用不锈钢种肥箱，使用寿命长，施肥、播种行距调整范围大。②适用选择：大华宝来 2BFJK 系列小麦宽幅施肥播种机可选择装配筑畦，拆装方便，在经耕翻碎土平整的地块上，一次性完成起垄、施肥、宽苗带播种、覆土镇压等多道工序。配套动力 36.8～66.2 kW 拖拉机，种子播深 2～3 cm，施肥深度 10～12 cm，作业行距 25 cm。

4. 宽幅精量播种机操作要点

(1)选择合适的牵引动力。

(2)调整行距。行距大小与地力水平、品种类型有直接关系，小麦宽幅精播机应根据当地生产条件自行调整。

(3)调整播量。①首先松开种子箱一端排种器的控制开关，然后转动手轮调整排种器的拨轮，当拨轮伸出一个窝眼排种孔时，播种量约为每亩 3.5 kg，前后两排窝眼排种孔应调整使数目一致，当播种量定为每亩 7.0 kg 时，应调整前后两排两个窝眼排种孔，以此类推。播种量调整后，要把种子箱一端排种控制锁拧紧，否则会影响播种量。②种子盒内毛刷螺丝拧紧，毛刷安装长短是影响播种量是否准确的关键，开播前一定要逐一检查，播种时一定要定期检查，当播到一定面积或毛刷磨短时应及时更换或调整毛刷，否则会影响播种量和播种出苗的均匀度。③确定播种量最准确的方法是称取一定量的种子进行实地播种。

(4)播种深度。调整播种深度最好先把播种机开到地里空跑一圈，看一看各耧腿的深浅情况，然后再进行整机调整或单个耧腿调整。一般深度调整有整机调整、平面调整和单腿调整。所谓整机调整是在 6 行腿平面调整的基础上，调整拖拉机与播种机之间的拉杆；平面调整就是在地头路上把 6 行腿同落地上，达到各耧腿高度一致，然后固定"U"形螺圈；单腿调整就是对单行腿深浅进行调整，特别是车轮后边耧腿要适当调整深些。

(5)翻斗清机，更换品种。前支架左右上方有两个控制种子斗的手柄，当播完一户或更换种子时，将两个控制手柄松开，让种子斗向后翻倒，方便清机换种。

(6)播种速度是影响播种质量的重要环节，速度过快易造成排种不匀播量不准、行幅过宽、行垄过高等问题，建议播种时速为 2 挡较为适宜。

(7)对秸秆还田量较大或杂草多、湿度大、过黏的地块，播种时间应安排在下午，避免土壤湿度过大，造成壅土，影响正常播种。

（二）小麦播前播后二次镇压抗逆高效技术

1. 概念

在农田耕翻后，不经整地立即通过二次镇压施肥播种机，一次性完成施肥、碎土、播种前镇压、播种、播种后镇压等多项农艺要求的农机化技术。

2. 技术特点

（1）改善土壤理化性质，培育小麦壮苗。通过土壤深翻秸秆掩埋、基肥耕层匀施和播前播后两次镇压等措施，改善耕层土壤结构，提高秸秆还田质量，抑制土壤菌源数量，提高小麦播种质量，为小麦一播全苗和形成壮苗奠定基础。

（2）提高小麦整地播种效率和作业质量。通过整地播种机械关键部件改进和有效组合，在减少机械田间作业次数的同时，提高小麦耕整地环节的作业效率和作业质量，进而提高农机手作业效率和收益。

（3）提高资源利用效率。整地播种一次性作业在优化耕层土壤结构、改善种子分布状况的同时，确保种子与土壤紧密结合，减少土壤水分蒸发，满足适耕期内小麦正常播种出苗，不需要再浇灌蒙头水或苗后灌溉补水；通过生育期水分调控措施和氮素诊断追施技术，避免灌溉和追肥施用的盲目性，水肥利用效率可提高 10% 左右。

（4）有效控制茎基腐病等土传病害。通过翻耕进行秸秆掩埋，抑制小麦茎基腐病、赤霉病的菌源数量，大幅度降低病菌对小麦的侵染机会。调查发现，采用播前播后二次镇压抗逆高效技术的小麦田，小麦茎基腐病病株率较旋耕播种麦田降低了 85% 以上。

3. 技术效果

与传统栽培技术相比，小麦耕层优化二次镇压保墒抗逆高效技术平均每亩增产 34.4 kg，每亩节约物化投入（种子、化肥）31.54 元，每亩机械作业成本降低 31.2 元。2015 年，在济南市济阳县（现济阳区）新市镇高产攻关田利用该技术平均亩产达到 733.9 kg；2017 年，夏津县雷集镇轻度盐碱地平均亩产 562.0 kg，均比相邻传统栽培地块增产 20% 以上；2019 年，经专家组测产，在聊城市茌平县韩屯镇创造了 764.9 kg 的小麦高产典型；在德州市夏津县渡口驿镇创造了优质强筋小麦（济麦 44）亩产 602.8 kg 高产典型，比对照增产 6.43%。

4. 注意事项

（1）种子选用与处理。选用产量潜力高、分蘖成穗率高、抗逆性强的多穗型品种，在播种前针对当地病虫害发生情况，选用相应包衣剂或拌种剂进行种子处理。

（2）土壤耕作环节对土壤墒情的要求。应在小麦适宜播种期内进行小麦耕种作业，耕种前，要求土壤含水量能够满足小麦正常出苗要求。

（3）土壤耕作环节对秸秆还田质量的要求。由于该技术将耕地与播种一次性完成，对秸秆还田质量和耕地质量要求较高，一般要求耕翻深度应在 25 cm 以上，并将秸秆掩埋于地下。

（4）播种前进行农机田间调试。在整地播种之前，做好播种机播种量、播种深度等的调试工作，确保小麦播种出苗质量。

5. 配套机具

整地智能小麦精量播种机如图 4-3 所示。该机具由动力驱动耙和播种机组成，能一次性完成驱动耙碎土整平和耕层肥料匀施、镇压辊播种前苗床镇压、宽幅播种、播种后镇压轮二次镇压等复式作业。该机具可实现耕后即播，在减少田间机械作业次数的同时，实现高效碎土整地，防止水分蒸发，实现了土壤保墒与小麦苗齐、苗壮的目的。机具配套动力：120 kW 以上。工作幅宽 300 cm，行数 24 行，作业效率 1.7～2.0 hm^2/h。

图 4-3　整地智能小麦精量播种机

（三）小麦旋耕播种技术

1. 概念

小麦旋耕播种技术就是在秸秆覆盖的情况下，采用旋耕播种机具一次进地完成旋耕、播种、覆土、镇压等多项农艺要求的农机化技术。

2. 意义

小麦旋耕播种技术只翻动需要播种的土壤，减少了对土地的扰动，并且一次性完成播种的全部程序，可以节约时间、降低成本，适应性广。

3. 技术要点与配套措施

(1)播种量要准确、均匀。要根据种子品种、播期、土壤条件确定播种量，以符合农艺要求。

(2)播种的行距和深度要一致，且覆盖均匀，符合农艺要求。

行距宜为 20～25 cm，提倡使用旋耕施肥播种机进行宽行播种，应用种肥深施。一般播深 3～4 cm，水分不足时加深至 4～5 cm，沙壤土可稍深，但不宜超过 6 cm。

(3)侧位深施的种肥应施在种子的侧下方 2.5～4.0 cm 处，肥带宽度大于 3 cm。正位深施的种肥应施在种子的正下方，肥层与种子之间的土壤隔离层应大于 3 cm。肥带宽度略大于种子播幅的宽度，肥条均匀连续，无明显断条和漏施。

(4)播完后需检查实际播量与原计划是否一致，误差控制在计划播量的±4%以内，在整地质量符合要求时，播深合格率≥75%。各行播量均匀一致，误差≤5%。

(5)播种均匀，无断条、漏播、重播现象，在整地质量符合播种要求时，断条率≤5%。种子破损率要小，一般不超过 0.5%。

(6)播种要适时，垄或行要直。行距一致，播行笔直，地头整齐。机组内相邻两行行距误差＜1.5 cm，相邻两靠行误差＜2.5 cm。

(7)干旱时应加大播后镇压力度。

4. 技术注意事项

(1)作业前机具检查。使用前必须向变速箱加足润滑油到检油孔高度位置。所有黄油嘴应注足黄油。检查并拧紧全部连接螺栓。

各传动部分必须转动灵活并无异响。与拖拉机的挂接牢靠，万向节传动轴在安装时应保证中间万向节叉、方管节叉的开口在同一平面内。

(2)机具左右水平调整。在较平的地面将机具降低至旋耕刀尖接近地面，观看左右两端刀尖离地面高度一致，以保证耕深和播深一致。在机具水平调整时，要注意左右两限深轮必须在同一调节孔上。

(3)机具前后水平调整。在机具左右水平调整的基础上，调节镇压辊的前后孔位，高度对应一致，使机具保持前后的水平状态。前后水平位置的调整，与耕深调整同时进行。

(4)耕深调整。耕深调整是通过耕深调节装置，统一协调改变前后限深轮、后镇压辊与机具机架之间的相对位置，达到改变耕深和植被覆盖率的要求。它可调整拖拉机挂接机构中的调整拉杆来实现，伸长中拉杆耕深变浅，植被覆盖率降低,反之耕深增加,植被覆盖率提高。耕深一般为 8~10 cm。

(5)播深调整。播深主要是通过改变下种管在机架后梁的上下位置实现,应注意各种管深度一致。耕深、播深工作部件安装调整好后,必须进行作业前的田间试验。经试验,确认孔位安装正确,播深若不合适,也可调节后镇压辊高度(耕、播深同时调),来达到调节播深的目的,总之,应根据不同的农艺要求、不同的操作环境,灵活使用不同的调节方法。

(6)行距调整。行距大小通过改变种管在机架后梁的左右相对位置实现,即可达到所需行距,如还需要更大的行距,可用减少播行的方法实现。调整时应注意相邻种管之间距离一致,使种管在机架后梁分布均匀。

(7)播种量的调整。多用途播种机在调整播种量时应将排种器调整至小麦播种状态。根据当地农艺要求,并调整排种量调节手柄,使小麦排种槽轮端面与种量尺上相应刻度对齐。加上要播的种子,加入量不少于容积的 1/5,在地头进行试播。

(8)排肥量的调整。排肥器只适用于施颗粒肥,禁止使用吸水结块肥和混肥。由于肥料含水量和颗粒大小不同,播施前按农艺要求进行实际测试,其方法和大小与排种量的调整方法相同。

(9)机具排种、排肥各行排量不均的调整。移动种轴、肥轴上的卡片,清除排种槽轮、排肥槽轮与卡片之间间隙,使各排种槽轮、排肥槽轮工作长度一致。如果某行排种、排肥量偏大或偏小,可适当调整该行的槽轮工作长度,达到各行排种、排肥量一致。

(10)试运转。机具与拖拉机挂接、调整后,将其升离地面,用手扳动旋耕刀轴转动,检查各运转部件是否转动灵活,有无异常响声,确定无异常后,再结合动力,转速由低到高,使机具转速达到最高,转速达到 2 030 r/min 后,停车检查确认一切正常,方可投入作业。

(11)机械化作业要求。①启动拖拉机,用适当的速度将机械驶进大田。播种机作业速度以 2 挡为宜,在不影响播种的前提下,可适当提高,播种机需匀速前进,检修调整宜在地头进行,中途不宜停车,以免造成种子断条。田头应留有一个播幅宽度最后播种。②旋耕播种机的排种、排肥全靠镇压轮(辊)来传递动力,因此作业时镇压轮(辊)必须着地转动,否则旋耕施肥播种机既不排种也不施肥。③要经常检查排种器的刮种舌或毛刷的疏密度并及时调整,以免造成播种量不均匀。④旋耕施肥播种机作业时靠行应保持一致并控制尺寸,太宽时浪费土地,容易造成减产,过窄时容易将土翻入已播的垄沟内,覆土过厚,影响小麦出苗和分蘖。⑤播种作业一段时间后，应检查播种机排种轮和排肥轮的松紧程度，如在震动下逐渐变松，将导致自动减小或增大排种量和排肥量。

（12）保管。作业结束应清除机器内外的杂物和剩余肥料种子，将各运动处清洗干净，用清洁润滑油涂敷封存，最好放在室内保管。

5. 常用机具种类与特点

大多数小麦旋耕施肥播种机的排种器采取外槽轮式，它具有构造简单、通用性好、播种量稳定、各行播量一致性好、播量调整方便等特点。

（1）小麦旋耕播种机（图4-4）。该系列机具将旋耕机与圆盘播种机连接起来，使旋耕、播种、施肥一次性完成。不再经过二次碾压，地表平整，播深一致，出苗齐整，减少了拖拉机进地次数，降低了作业成本，减轻了农民作业强度。

①结构特点：该机在开沟器前设置有旋转刀具，作业时，旋转刀具将作物的秸秆、根茬打碎或打走，在播行形成种床，可一次完成旋耕、施肥、播种、覆土、镇压等工序。旋耕机与播种机采用四连杆液压升降连接装置，旋耕两遍时，播种机在非作业状态下升起到旋耕机正上方，重心靠前。播种作业时，在驾驶室直接操作手柄完成升降，操作方便。可播小麦、油菜、谷子、高粱等，实现多种作物的降本增效，有利于农业的可持续发展。②适用选择：适用于平原地区条播小麦，配套80 kW以上轮式拖拉机。

图4-4 小麦旋耕播种机

（2）旋播施肥机（图4-5）。该系列机具一台可抵旋耕机、小麦播种机、玉米播种机等多台农具，既能播小麦，又可播玉米、大豆。可以灵活变换三种刀轴转速，彻底解决了拖拉机"跑快了效果差，跑慢了效益差"的问题。巧妙利用了旋耕土空间播种施肥，不增加主机马力消耗，且种肥覆盖效率高，种苗生长好。

图 4-5　旋播施肥机

①结构特点：既可以全耕播，又可以免耕播；既能播小麦、玉米，又能播大豆、花生和水稻。设计紧凑，施肥管紧贴旋耕刀，巧妙利用旋耕真空带，不增加拖拉机马力消耗。3 挡变速，专利技术拨叉变速装置，适合不同土质、不同农艺、不同主机。防壅堵塞掏草刀发明专利，每分钟 300 多转的转速，把种管间、种床间的杂草及时清理干净，不管是玉米秆直立地，还是小麦收割后的秸秆地，彻底解决机具通过性和因种床秸秆杂草多而烧坏种苗，影响生产的难题。重型耕播机具，自重大于同行 30%～40%，田间运行平稳，干硬土地旋耕易入土。仿形系统技术专利，前后仿形轮、中央拉杆条形孔、双梁双悬挂机构成独有的仿形限深系统，免除拖拉机液压损耗，关键是保证耕深、播深一致。小麦宽幅播种技术专利，12 cm 宽幅播种器，一行相当于传统播种机 3～4 行。单粒种子占土壤面积大，通风透光好，小麦分蘖率高，便于田间管理。玉米配置指夹式精量排种器，省种、省功，与勺式的排种器相比较，在同等质量下由每小时前进 5km 提高到 8km，提高工效 50% 以上。种、肥隔行分层技术，小麦正位施肥 5 cm，玉米侧位施肥 5 cm，与手撒式施肥相比，提高肥料利用率 300%，防治土壤板结。
②适用选择：该机具可以在玉米秆直立地、秸秆还田地、小麦高茬浮秆地、深翻地等不同前茬条件下，一次性完成灭茬、开沟、播种、施肥、覆土、镇压等多道工艺。配套 40.5～51.5 kW 轮式拖拉机。

6. 小麦旋耕播种机操作要点

(1)严格控制提升高度,万向节转动轴夹角工作时不大于10°,地头转弯时不大于25°,长距离转移时应切断动力。

(2)严禁先入土后结合动力或猛放入土,以免损坏拖拉机及旋耕播种机部件。

(3)机具检修调整宜在地头进行,中途不得停车;地头转弯及倒车时,必须提升播种机。

(4)旋耕播种作业时,拖拉机及旋耕播种机上严禁乘人,以免造成伤亡事故。

(5)旋耕播种机运转时,严禁接近旋转部件;检查或更换旋耕播种机零部件时,必须切断动力,停机熄火。

(6)作业中驾驶员要特别提高警惕,听到异常噪声或发现问题,随时切断动力,停车检查,排除故障。

(四)小麦免耕播种技术

1. 概念

小麦免耕播种技术就是在秸秆覆盖的情况下,不耕翻土壤,采用免耕播种机具一次进地完成开沟、播种、覆土、镇压等多项工序的农机化技术。

2. 意义

小麦免耕播种可在地表有大量秸秆的情况下作业,充分利用秸秆资源,具有蓄水保墒、培肥地力、改善环境、节本增效、提高持续增产能力等优势。

3. 技术要点与配套措施

(1)选择优良品种。选择分蘖能力强的优良品种,如烟农19、济麦19、济麦20、济表22等,小麦良种播前药剂拌种。

(2)适期播种。根据土壤墒情,播期在10月1日至15日。随着气温的变化,各地要适当推迟播期,鲁东地区集中在10月1—10日播种;鲁中地区集中在10月3—13日播种;鲁南、鲁西南地区集中在10月5—15日播种;鲁北、鲁西北地区集中在10月2日至12日播种。

(3)足墒播种。墒情不足的地块,要播前造墒。在适期内,掌握"宁可适当晚播,也要造足底墒"的原则,做到足墒下种。避免播后造墒,覆土增厚,形成弱苗。

(4)质量要求。每亩播量一般为8~11 kg,播种深度3 cm。每亩播颗粒状化肥30~50 kg,种上肥下,种肥间距≥5 cm。做到不漏播、不重播、播深一致、落籽均匀、覆盖严密。行距15~30 cm。

(5)秸秆还田。用机械将玉米秸秆粉碎均匀覆盖地表,玉米秸秆切碎长度≤5

cm，秸秆覆盖率≥30％，抛撒不均匀率≤20％。

(6)机械深松。对多年旋耕、耕层较浅的地块，免耕播种作业前，要进行深松作业，打破犁底层，改善土壤水、肥、气、热交换环境，避免免耕小麦早衰。

(7)有机肥撒施。因免耕播种不能将耕层土壤翻耕，施用有机肥时，要在播种前撒施地表，作业时，与苗带土壤混合，发挥肥效。

(8)基肥深施。免耕播种的地块不能将基肥撒施地表，必须随播种作业将基肥深施。一般颗粒状基肥每亩施用 25～35 kg，肥种间隔大于 5 cm。

(9)冬前灌溉。因免耕播种田玉米秸秆较多，苗带土壤疏松，易遭冻害。为使小麦安全越冬，免耕播种小麦冬前最好普灌一次越冬水。

(10)连续 2～3 年实施旋耕播种的田块宜深松(深耕)一遍，以改变土壤的板结状况。

4. 技术注意事项

(1)机具准备。按照施用说明书对播种机进行全面检查，调整机器左右水平、排肥量、排种量、播种深度、施肥深度、镇压强度和传动机构；检测配套拖拉机的技术状态，液压系统应操作灵活可靠，调整自如。工作前进行试运转。检查各部件是否灵活可靠，各工作间隙是否符合要求，紧固件是否有松动，工作部件是否有碰撞声，并进行及时检查、调整。

(2)试播。正常作业前，先进行试播。试播长度要大于 15 m，检查播种量、播种深度、施肥量、施肥深度、有无漏种漏肥现象，并检查镇压情况，必要时进行调整。

(3)作业时，应将播种机降低到接近地面位置，接通旋耕动力，边走边放，在地头线处进入作业状态。

(4)作业中保持平稳恒速前进，速度不可过快；作业中应尽量避免停车，以防起步时造成漏播。如果必须停车，再次起步时要升起播种机，后退 0.5 m，重新播种。作业时，严禁倒退，防止播种施肥器堵塞或损坏；地头转弯时，应将整机升起，离开地面，以防损坏机器。

(5)作业中，发现掉链、缠草、壅土、堵塞等现象，应立刻停车检查，排除故障。

5. 常用机具种类与特点

小麦免耕播种机按照开沟器种类分为尖角式和苗带旋耕式两种。尖角式小麦免耕播种机主要用于一年一作区，为防止堵塞，一般开沟器分为 2～3 排；苗带旋耕式开沟器主要用于一年两作区。

苗带旋耕刀不但开沟疏松苗带土壤，同时清理苗带秸秆，为种子生长发育创造良好环境。

山东省小麦玉米一年两作，地表秸秆覆盖量大，一般选用通过性能强、播种质量好、作业效率高的苗带旋耕式免耕播种机。沿黄灌区和水量充沛井灌区，一般选用播幅 2 m 以上的免耕播种机；小水量井灌区和地块较小的地区，推荐选用 1.2~1.7 m 播幅的免耕播种区。

(1)小麦免耕播种机(图 4-6)。

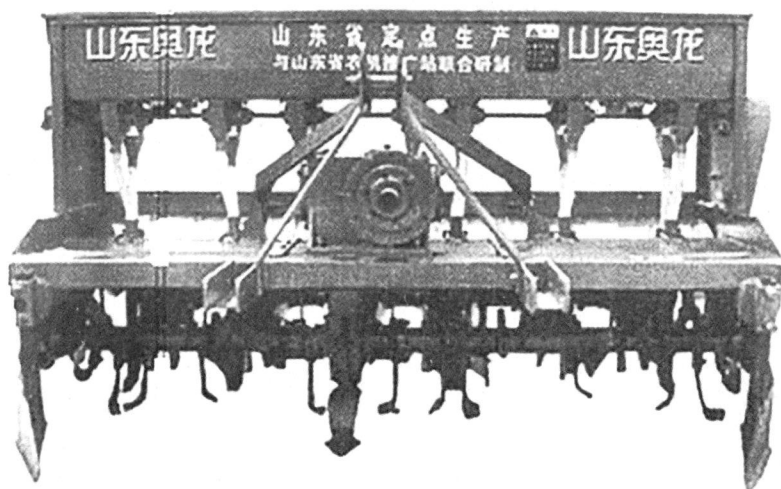

图 4-6　小麦免耕播种机

①结构特点：小麦免耕播种机开沟器采用旋耕刀，旋耕刀座设有防缠绕装置，减少秸秆缠绕与堵塞，机具通过性好、适应性强，播种质量高；播种施肥器的施肥口在播种口下方，置于旋转刀后，实现肥料深施和肥种分施，提高化肥利用率，避免烧种；采用旋耕弯刀，将种肥沟内秸秆抛出，为种子发芽和小麦生长发育创造良好环境；采用宽苗带播种装置，实现小麦宽幅、宽垄播种，促进麦苗生长发育；配置筑畦扶垄装置，实现灌区筑垄，节约灌水。②主要技术参数与适用选择：工作幅宽 2.2 m，播种行数 5~7 行，苗幅宽度 10~12 cm，行距 25~30 cm，施肥深度 8~12 cm，播种深度 3~5 cm，配套拖拉机动力 36.8~51.5 kW，作业效率 0.27~0.47 hm^2/h。该型播种机可适用于小麦、玉米、大豆等作物的播种。

(2)免耕施肥播种机(图 4-7)。

图 4-7　免耕施肥播种机

①结构特点：免耕施肥播种机可根据当地农艺要求、播种幅宽和地表秸秆量进行更换圆盘式播种器或其他装置。一次性作业可完成带状灭茬旋耕、施肥、播种、扶垄、镇压等多道工序，播种苗带宽度可达 10～12 cm，可提高种子有效分蘖，更利于通风、采光和作物生长。种、肥分施间隔 5～8 cm，可以提高肥料利用率并完全满足作物生长需要，从而提高粮食的产量。与传统的耕作种植方式相比具有节约机械作业成本、节水、节能、省工、省时、省肥等优点。②适用选择：主要用于在秸秆切碎还田后的田地作业。配套 22～66.2 kW 拖拉机。

6. 小麦免耕播种机操作要点

(1)田头应留有一个播幅宽度最后播。

(2)播种机作业速度以 2 挡为宜，在不影响播种质量的前提下，可适当提高，但一般不超过 3 挡，以免打滑系数增加，播种质量下降；播种机宜匀速前进，检修调整宜在地头进行，中途不宜停车，以免造成种子断条。

(3)地头转弯前后应注意起落线，及时、准确地起落播种机。

(4)播种时不应倒退，机器需倒退时应将开沟器和划印器升起。

(5)带有座位或踏板的悬挂式播种机，在作业时可站人或坐人，但运输时严禁站人或坐人。

(6)严禁在划印器下站人和在机组前后来回走动。

(7)工作中经常注意排种器、输种管、种子(肥料)箱的下种下肥情况，及时清除杂物及开沟器、覆土器上的杂草、土块等。

(8)清理黏土、杂草，加肥、加种必须停车进行。

(9)播种机应进行班次保养，清除杂物，向润滑点注润滑油。

(10)播拌药种子时，工作人员应戴手套、风镜和口罩等防护用具，工作完毕，及时清洗，剩余种子要妥善处理。

(五)小麦深松分层施肥免耕精播技术

1. 概念

小麦深松分层施肥免耕精播技术是指采用小麦深松分层施肥免耕精播机，一次性地能完成种植带旋耕、筑畦修道、间隔深松、分层施肥、精密播种、浅沟镇压等多项作业，是实现小麦生产高产、高效、低成本、节能、降耗、环保的一种新型保护性耕作技术。

2. 意义

小麦深松分层施肥免耕精播技术，改传统的秸秆取走为秸秆粉碎还田，改传统的全面耕整地为只旋耕播种带的同时进行深松，改传统平作的大畦漫灌为小畦节水灌溉，改化肥撒施为分层深施，改传统杂乱的小麦玉米种植规格为统一的标准化种植规格。

3. 技术要点与配套措施

(1)精选优良品种。选择适宜本地区种植的小麦优良品种，根据品种发育特性适时播种，小麦种子播前药剂拌种。

(2)适量播种。每亩播量一般为 8.0～11.0 kg。

(3)作业周期。每沟 2～3 年深松一次，深松的同时深施磷钾复合肥。

(4)质量要求。深松深度 25～35 cm，播种深度 3 cm，做到不漏播、不重播、播深一致、落籽均匀、覆盖严密。行距 20～30 cm。种上肥下，种肥间距≥5 cm，底肥施肥深度 15～20 cm。每亩播颗粒状化肥 30～50 kg，底肥占总施肥量的 60%。

4. 技术注意事项

(1)种植带旋耕振动深松。每条种植带旋耕宽一般为 22 cm，播种 2 行小麦，两播种带之间不动地宽度一般为 22 cm，深松铲的深度为 20～35 cm，一般每年调节 2 个铲的深松深度在 30 cm 左右，其他铲深松在 25 cm 左右，并每年调换深浅位置，保证每 2～4 年每条种植带有一次深松深度达到 30 cm 以上。

(2)浇水固定畦。播种机通过畦埂两边种植带的旋耕刀旋起的土，在成型装置的整形下筑起畦埂。畦埂位置每年固定不动，播种小麦和玉米时均可对原畦埂进行扶土作业。畦埂宽可根据需要在 26～35 cm 调整。

(3)固定道作业。挂接小麦、玉米两用型播种机的拖拉机和小麦玉米两用型联合收获机，在田间作业时，均在不耕作带的固定道上行走，固定道永久保留。

固定道作业，机械不碾压作物种植区，不会有轮辙造成地表不平，从而保证播种质量。固定道路基较硬，机械行走消耗动力少，轮胎附着力好。

（4）分层施肥。紧靠深松铲后面，前后有两根施肥管。底肥管紧靠深松铲之后，底肥分散施在两行小麦中间地下深度 15～20 cm 处。紧靠底肥管后面一根为种肥管，种肥施在两行小麦中间，在种子下方 3～5 cm 处。每亩总施肥量在 20～70 kg，底肥施肥量一般占总施肥量的 60％以上。

（5）平畦精密播种。在旋耕刀后挡板下方装有活动拖地的平土板，平土板起挡土、碎土和平整畦面的作用。采用圆盘式双播种管播种器，宽苗带播种。每个圆盘播种器内并排两根播种管，每行小麦 5 cm 宽的播种带用 2 套排种器和 2 根播种管播种，并装有散种板，使播下的种子均匀分布在播种带内，有效避免缺苗断垄和疙瘩苗，达到精密播种。

5．常用机具种类与特点

小麦深松分层免耕施肥精播机按深松铲种类可分为凿铲震动式和全方位倒梯形两种。

（1）震动深松分层免耕施肥精播机（图 4-8）。

图 4-8　震动深松分层免耕施肥精播机

震动深松分层免耕施肥精播机共有 190 cm、276 cm、280 cm、285 cm、340 cm、380 cm 共六种基本种植规格。190 型小麦深松分层施肥免耕精播机种植规格适合山区、丘陵区和井灌区的小地块作业，作业幅宽 190 cm。276 型适合不筑畦作业，作业幅宽 276 cm。280 型适合黄灌区作业，作业幅宽 280 cm。285 型适合井灌区较大地块作业，作业幅宽 285 cm。340 型适合黄灌区中低产田的大地块作业，作业幅宽 340 cm。380 型适合黄灌区高产田的大地块作业，作业幅宽 380 cm。配套 60.3～73.5 kW 拖拉机。

（2）深松免耕施肥精播机（图 4-9）。

图 4-9　深松免耕施肥精播机

①结构特点：深松免耕施肥精播机有效地将深松和免耕播种两大技术有机结合，可与 73.5～147 kW 拖拉机配套使用，作业幅宽为 2.0～3.5 m，播种行数为 14～20 行。该系列产品采用弧面倒梯形深松铲生产的"W"系列深松机与系列免耕施肥播种机组合，可一次性完成全方位深松土壤、深施化肥、苗带旋耕、施种肥、畦土覆平、双圆盘开沟器开沟、播种、镇压等多道工序。该系列产品为组合式机具，既可组合使用又可拆开单独使用深松机和免耕施肥播种机。该机可实现多种先进的农业生产技术。一是全方位深松技术。采用进口欧洲特种弧面倒梯形结构深松铲研发生产的"W"系列深松机。二是分层施肥技术。作业时分两层施肥，一层深施在 25 cm 左右土层，另一层作为种肥施在两行种子中间 5 cm 土层以下。三是平畦开沟播种技术。安装在开沟装置后的平土板，起挡土、碎土和平整畦面的作用。双圆盘开沟器安装在平土板之后，在平土板平整播种带后再开沟播种，从而保证了播深稳定，大行内每行小麦的播种带宽度为 5～6 cm。四是浅沟镇压技术。为增强苗带和深松部位的镇压效果，镇压轮设计成直径大小相差 6 cm 的大小轮组合式。镇压后形成苗带浅沟，既有利于保墒和蓄积雨雪，又避免了一般免耕播种作业形成的深沟塌土压种现象。五是防缠防堵技术。采用完全免耕播种刀轴，避免了全幅型刀轴在无刀处缠草；增加了苗带旋耕刀的密度，采用弯刀和直刀相组合的方式，提高了刀辊碎土、切碎秸草和种带清理的能力；双圆盘采用前后两排布置，增加了秸秆的通过空间，避免了开沟器产生壅堵的现象，并且可进一步切碎秸秆杂草。六是农药喷洒技术。用户根据需要可选装农药喷洒装置，在播种玉米和小麦的同时喷洒除草剂和其他农药，以减少作业环节，降低作业成本。

②适用选择：播种机通过苗带旋耕刀旋起的土，在拖拉机两轮胎的后面（或中间）筑起畦埂，以便于作物灌溉。可采用固定畦作业方式，每次作业均按原畦面宽度作业。用两边的旋耕刀筑畦，畦埂规整，畦埂宽30～40 cm，占地面积小，土地利用率高，更有利于提高产量。配套73.5～147 kW拖拉机。

6. 小麦深松分层施肥免耕精播机操作要点

(1)设备必须有专人负责维护使用，熟悉机器的性能，了解机器的结构及各个操作点的调整方法和使用。

(2)工作前必须检查各部位的连接螺栓，不得有松动现象。检查各部位润滑油的油位，不够应及时添加，检查易损件的磨损情况。

(3)正式作业前要进行深松分层施肥免耕精播试验作业，调整好深松的深度；检查机车、机具各部件工作情况及作业质量，发现问题及时解决，直到符合作业要求。

(4)机组作业速度要符合使用说明书的要求，作业时应保持匀速直线行驶。

(5)深松作业中，要使深松间隔距离保持一致。

(6)作业时应随时检查作业情况，发现机具堵塞应及时清理。

(7)作业时应保证不重松、不漏松、不漏肥、不拖堆。

(8)机器在运转过程中有异常响声，应及时停止，待查明原因后再进行生产。

(9)定期维护设备，及时更换润滑油。

(10)设备工作一段时间，应进行一次全面检查，发现故障及时修理。

第二节　小麦田间机械化管理

一、机械化植保技术

小麦在生长发育过程中，会受到病菌、害虫和杂草等生物的侵害，轻则单株或局部植株发育不良，生长受到影响，重则整片植株被毁，产量下降，品质变差，损失巨大。因此，在小麦种植过程中，及时防治和控制病、虫、杂草、动物等对小麦的危害，是确保小麦增产、农民增收的重要举措。小麦植保是小麦生产过程的重要组成部分，是小麦生长发育过程中不可缺少的环节，传统植保手段跑、冒、滴、漏，防治效率低，劳动强度大，环境污染高，操作人员容易受到伤害，已无法满足新形势下规模化作业的要求。机械化植保就是用专用植保机械，将化学药剂喷洒到田间作物的根茎叶或土壤中，进行病虫草害防治的技术。可以做到低喷量、精喷洒，减少污染；高工效、高精准，提高防效；操控环境隔离，保障安全。因此，大力发展机械化植保技术是防治农作物病虫草害发生，保障粮食增产和农产品品质安全的现实需要和最佳举措。

(一)机械化植保技术要点与配套措施

1. 农艺要求

(1)应能满足小麦不同生育期内病、虫、草害的防治要求。

(2)应能将液体、粉剂、颗粒等各种剂型的化学农药均匀地分布在施用对象所要求的部位上。

(3)对所施用的化学农药应有较高的附着率，以及较少的漂移、流失损失。

(4)机具应具有较高的生产效率和较好的使用安全性、经济性以及耐腐蚀性。

2. 技术要点

(1)根据防治目的，采用相应的药液配制规程和正确的施药方法，满足作物不同生育期的病、虫、草害的防治要求。施用的化学农药要有较高的附着率，以及较少的飘移损失。

(2)要将液体、粉剂、颗粒等剂型的化学农药，均匀地喷洒在作物茎秆和叶子的正皮面。

(3)用药量要符合当地农业技术要求。在农药持效期和安全使用间隔期，一般不再使用农药。

(4)作业中要无漏液、漏粉。喷洒不重、不漏，交接行重叠量不大于工作幅宽的 3%。机组作业采用梭式行走法作业。

(5)机具应有较高的生产效率和较好的使用经济性和安全性。同一地块同种作物应在 3 d 内完成一遍作业。风力超过 3 级、露水大、雨前及气温高于 30 ℃时，不宜作业。

3. 配套措施

作业时，合理选择药剂，推广使用高效、低毒、低残留、环境相容性好、可持续防治的高效生物农药；根据主要作物、害虫和病害的生长发育阶段特点，制定适宜的用药时间；根据防治对象，精准选用配比和药量。

(二)常见器械种类与选择

植保机械是用于防治为害植物的病、虫、杂草等的各类机械和工具的总称。植保机械不但对确保粮食高产、稳产起着巨大的作用，也是保护其他经济作物以及卫生防疫等方面不可缺少的器械，已成为农业发展不可缺少的组成部分。植保机械的种类很多，从手持式小型喷雾器到拖拉机机引或自走式大型喷雾机；从地面喷洒机具到装在飞机上的航空喷洒装置以及多旋翼遥控式飞行喷雾机，形式多种多样。

按喷施方式分类为喷雾机、喷粉机、喷烟(烟雾)机、弥雾机等；按动力配置方式进行分类为人力式、畜力式、机动式、机引式、自走式、航空喷洒等；按操作、携带、运载方式分类为手持式、肩挂式、背负式等。按"农机购置补贴产品目录"简单分为背负式、拖挂式、自走式、航空植保机等机动式植保机械。常见植保机械机型有以下几种。

1. 背负式喷雾喷粉机(图 4-10)

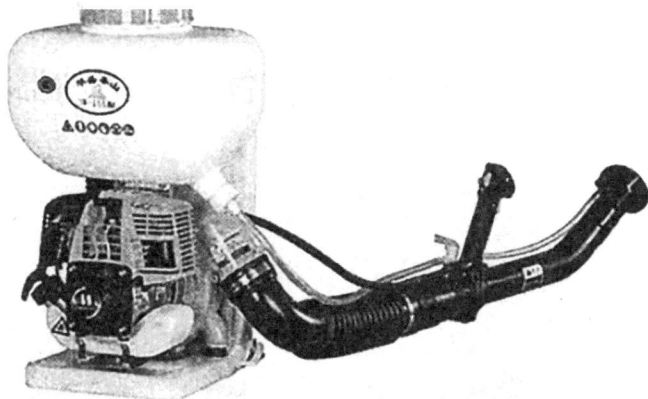

图 4-10　背负式喷雾喷粉机

背负式喷雾喷粉机是一种轻便、灵活、高效率的植保机械，主要适用于棉花、小麦、水稻、果树和茶树等农林作物的大面积病虫害防治。它不受地理条件限制，在山区、丘陵地区及零散地块上都很适用。

(1)主要结构特点。背负式喷雾喷粉机结构简单紧凑，采用风送式喷雾，利用发动机直连风机，带动叶轮旋转，产生高速气流，将喷头处药液分散成细小的雾滴向四周飞溅出去。

(2)主要技术参数(以 3WF－20B 为例)与适用选择：药箱容积 20 L，水平射程≥12 m，水平喷雾量≥2.3 kg，水平喷粉量≥3.5 kg。可以配备不同的喷头，实现不同流量的喷雾作业；既可实现常见液体药剂喷雾作业，也可实现粉剂、种子、化肥等颗粒喷撒作业，作业高效，喷撒均匀。

2. 背负式动力喷雾机(图 4-11)

(1)主要结构特点。采用压力喷雾方式，雾化效果好，施药针对性强，极大地提高了工作效率，降低了药液流失和浪费。主要部件柱塞泵为双向柱塞式，结构简单紧凑，维修方便。该机压力高、流量大，生产效率高，防治效果明显。主要喷洒部件为长杆三喷头，喷幅宽，效率高。

(2)主要技术参数(以 3WZ－6 为例)。①汽油机技术参数。汽油机型号 1E31F，单缸、风冷、二冲程汽油机，TCI 点火方式，排量 22.6 mL，缸径 31 mm，每分钟 6 500 r，最大功率 0.7 kW，燃油润滑油混合比 30：1。②整机参数。外形尺寸 450 mm×340 mm×645 mm，净重 9 kg，使用压力 0～2.5 MPa，流量≥5.5 L/min，药箱容积 25 L。

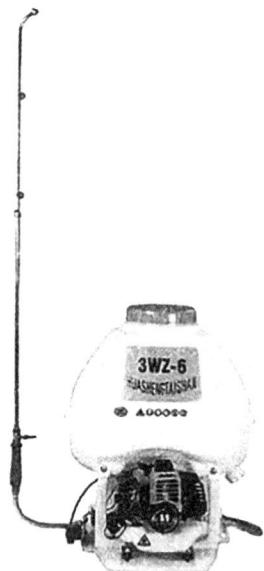

图 4-11 背负式动力喷雾机　　　　图 4-12 背负式电动喷雾器

3. 背负式电动喷雾器(图 4-12)

(1)主要结构特点。采用微型电动隔膜泵，压力稳定、喷雾均匀、操作方便；与同类电动产品相比，结构简单，维护方便，使用寿命长。适用于粮油、蔬菜作物和设施农业(蔬菜大棚)的病虫害防治。

(2)主要技术参数(以 WS－16D/18D 为例)。外形尺寸 380 mm×220 mm×545 mm，工作压力 0.15～0.4 MPa，微型电动隔膜泵，药液箱容量 16～18 L，整机净重量 5.1 kg，单喷头，喷孔直径 1.5 mm，直流电机工作电压 12 V。

4. 手推车式机动喷雾机(图 4-13)

(1)主要结构特点。该机采用离合输出－皮带传动，启动轻便，运转平稳，压力稳定；采用三缸柱塞泵，压力平稳，压力高、流量大、雾化效果好；整机结构简单，工作效率高，性能可靠，经济实惠。它重量轻，易搬运，操作简单，喷雾压力大。适用于水稻、小麦等大田作物及果实、园林等病虫害防治，也适用于社区、车站、码头、牲畜圈舍的卫生防疫和消毒。

（2）主要技术参数（以 3WH－36L－Ⅱ型为例）。外形尺寸 1 500 mm×720 mm ×1 100 mm，净重 70 kg，三缸柱塞液泵，液泵使用压力 2.0～3.5 Mpa，配套动力 168F 汽油机，汽油机为反冲式启动，排量 163 mL，燃油消耗率 396 g/(kW·h)，功率为 3.2 kW，转速为 3 600 r/min，油箱容积 3.6 L，药箱 300 L，可调式喷枪，流量＞6 L/min，水平射程 0～12 m；四喷头喷枪，流量＞25 L/min，水平射程 12～15 m。

图 4-13　手推车式机动喷雾机

5. 拖挂式喷杆喷雾机（图 4-14）

图 4-14　拖挂式喷杆喷雾机

（1）主要结构特点。工作压力高，流量大，使用维护简单便捷；采用不锈钢喷杆，配合高压胶管软连接，耐腐蚀好；采用低量防滴喷头，雾化好，防漂移；分段设计的折叠式喷杆，操作方便；独特的后置输出轴通过万向节传动，可控制性好，结构紧凑，美观大方。整机具有喷幅宽、容量大、作业效率高的特点，是大型拖拉机的理想配套机具。

（2）主要技术参数（以 3WP－650 型为例）。药箱容积 650 L，BM380 型隔膜

泵，流量 80 L，整机工作压力 0.2～0.4 MPa，动力输出轴转数 540 r/min，幅宽
12 m，回流搅拌方式，净重 120 kg，作业效率≥6 hm²/h。

6. 自走式高地隙植保机（图 4-15）

图 4-15　自走式高地隙植保机

（1）主要结构特点。自走式高地隙植保机采用纯机械传动，动力流失小，扭
矩大；结构设计采用专利技术，田间爬坡能力强，坡度 10°～45°、沟坎高度 20～
45 cm 能平稳通过；转弯半径小，车辆底盘与地面高度可实现 0.8～1.7 m 的不
同定制要求；整机配备自吸上水泵，具有自动自吸加水等功能；喷药泵采用意大
利 UDOR S. P. A205C，喷头采用德国德克斯喷嘴，喷管压力稳定，雾化质量好，
喷雾均匀；喷雾系统采用变量喷洒控制阀，避免管道与喷头因阀体开关引起的压
力升降，发生喷头地漏，系统工作平稳性好。适用于水旱田、高低秆作物田间植
保作业。

（2）主要技术参数。离地高度 1 250 mm，配套动力 66 kW，四轮驱动，药箱
容积 2 000 L，意大利 UDORS. P. A205C 隔膜泵，喷幅 24 m，喷药泵控制形式
为电磁离合式，喷杆控制形式为自动、手柄式、液压折叠，作业效率
16～18 hm²/h。

7. 多旋翼遥控式飞行喷雾机(图 4-16)

图 4-16　多旋翼遥控式飞行喷雾机

(1)主要结构特点。该机型采用高效能电池作为电源,标配手动 GPS 增稳导航飞行控制系统,附带远程视频监看系统,可以根据客户需要增配自主飞行控制、配置农业病虫测报系统,实现大面积监视测报功能。多旋翼飞行器与固定翼飞行器相比,有携带方便、易学习操作、保养维修方便简单、维护保养成本低、起飞适应性好、投放准确、超低空作业、作业质量高、无噪音等优点;与人工植保机械相比,其雾化效果好,旋翼产生的稳定风场可以穿透到作物底部,喷洒到叶片的背面,喷洒均匀效果好,此外还有断点续航、避免重喷漏喷和喷洒效率高的优点。

(2)主要技术参数。飞行尺寸直径 2 450 mm,高 500 mm,喷幅流量 0.2～0.4 L/min(双喷头)可调,雾滴直径 50～100 μm,飞行速度 0～10 m/s,喷幅面积(宽幅)3.5～5 m,喷洒速度 0～4 m/s 可调,起飞重量≤18 kg,农药载重 5 kg,每架次飞行时间 15～12 min,防治效率为每架次 1～2 hm^2,飞行高度 0～200 m,喷洒高度 2～4 m。

8. 植保无人机(图 4-17)

图 4-17　T20 植保无人机

(1)主要结构特点。配备高精度雷达避障模块,飞行器可感知前后方 1.5～

30.0 m 范围内的障碍物，让植保作业在地形复杂的农田中飞行时更可靠；E 系列动力套装与 A3－AG 2.0/N3－AG 2.0 飞行控制器搭配，可实时监控电调运行状态，动态调整控制策略；主动短路保护、堵转保护、过流过压保护、高效散热等功能使飞行稳定可靠；优异的防尘、防水、防腐能力，有效应对农业作业面临的恶劣环境；超强负载，为农业应用注入更强动力。用户还可根据不同的作业需求，选择单喷或全喷的不同喷洒作业模式；新增的压力传感器与精准的流量控制，可实时监测喷洒流量，在作业过程中动态控制药液的流量与速度。农业植保机解决方案 2.0 采用全新 A3－AG2.0/N3－AG2.0 飞控和雷达感知系统，结合MG 智能规划作业系统，大疆农业管理平台，以及全新水泵喷洒系统，可实现精准植保作业、高效作业规划、飞行实时管理和工作统计，大幅提升农业植保效率。还可装配播撒机，用于颗粒剂播撒，实现一机多用。

（2）主要技术参数。飞行尺寸 2 509 mm×2 213 mm×732 mm，喷幅流量 3.6～6.0 L/min(8 喷头)，雾滴直径 130～300 pm，飞行速度 0～7 m/s，喷幅面积(宽幅)4.0～7.0 m，喷洒速度 0～4 m/s，可调起飞重量≤42.6 kg，农药载重额定15.1 kg，每架次飞行时间 10～15 min，防治效率为每架次 2～3 hm²，田间作业高度 1.5～3.0 m。

二、小麦机械化灌溉技术与装备

节水灌溉技术是为充分利用水资源，提高水的利用效率，达到农作物高产高效而采取的技术措施。它是由水资源、工程、农业、管理等环节的节水技术措施组成的一个综合技术体系。运用这一技术体系，将提高灌溉水资源的整体利用率，增加单位面积或总面积农作物的产量，以促进农业的持续发展。

节水灌溉技术包括地面灌溉、喷灌、微灌、渗灌等多种措施。

地面灌溉仍是当今世界占主导地位的灌水技术，随着高效田间灌水技术的成熟，输配水有向低压管道化方向发展的趋势。喷灌技术是大田农作物机械化节水灌溉的主要技术，本部分将主要介绍喷灌技术与机具。

喷灌技术是指利用专门的设备将水加压，或利用水的自然落差将有压水通过压力管道送到田间，再经喷头喷射到空中散成细小的水滴，均匀散布在农田上，达到灌溉的目的。喷灌适用于灌溉所有作物，既适用于平原也适用于丘陵山区；除了灌溉作用，还可用于喷洒肥料与农药、防冻霜和防干热风等。机械化喷灌技术地形适应性强，灌溉均匀，灌溉水利用系数高，尤其适用于透水性强的土壤。

（一）机械化喷灌技术要点与配套措施

1. 适时适量灌水

按照作物需水规律，制订科学的灌水计划，根据土壤水分、作物长相、天气变化情况，随时调整灌水计划。在水资源紧缺的地区，应选择作物生育期对水最敏感、对产量影响最大的时期灌水，如禾本科作物拔节初期至抽穗期和灌浆期至乳熟期，大豆的花芽分化期至盛花期等。在关键时期灌水可提高灌溉水的有效利用率。

2. 均匀灌水

合理布置喷洒点位置，使田块内各处土壤湿润深度及土壤含水量（喷洒水量）大体相近，达到灌水均匀的目的。根据当地地理、气候特点，一般喷头组合间距在 0.6～1.3 个射程为最佳，而且相邻喷灌面积的喷头位置应相互错开，以避开喷灌死角。

3. 强度适宜

单位时间内喷洒在田间的水层深度就是喷灌强度。根据理论研究与生产实践的结果表明，灌水量较少、水分不足时，产量随灌水量或耗水量的增加迅速提高；当灌水量达到一定程度后，随着灌水量的增加，产量提高的幅度开始变小；当产量达到极大值时，灌水量再增加，产量不但不提高反而有所降低。因此，应避免过量灌溉造成不必要的浪费。

4. 雾化合理

喷头喷射出去的水流在空气中的粉碎程度称为喷灌的雾化指标。根据不同的作物选择相适应的工作压力及喷嘴直径，形成适宜的喷灌雾化指标，有助于作物的生长，如蔬菜类需要喷灌雾化指标为 4 000～5 000kPa/mm；粮食作物需要的喷灌雾化指标为 3 000～4 000kPa/mm。

5. 清洁水源

喷灌水源要清洁，泥沙含量低。水源污染严重、杂质多的地区，应进行过滤清洁。

6. 水源适中

井位选择在位置适中、出水量大的地点为最佳，以减少喷灌设备移动次数。采用河道、渠道取水距离较远的可采取二次提水的方式进行作业。

（二）常见器械种类与选择

喷灌机又称喷灌机具、喷灌机组。喷灌设备按照管道压力来源不同，分为机压喷灌系统和自压喷灌系统；按照布置方式不同，分为管道喷灌系统和机组喷灌系统。

1. 机压喷灌系统和自压喷灌系统

(1)机压喷灌系统。靠机械加压,以获得喷头正常工作压力的喷灌系统。

(2)自压喷灌系统。多建在山丘区,且有足够的落差时,利用自然水头将位能转变为压力水头,实现喷灌的机械系统。

2. 管道喷灌系统和机组喷灌系统

(1)管道喷灌系统。①固定管道喷灌系统。其首部、干管、支管在整个灌溉季节甚至常年都是固定不动的。干管、支管一般埋于地表之下,管道末端露出竖管和喷头。固定式喷灌系统操作使用方便,灌水劳动效率高,劳动强度低,可实现自动控制,但投资高,设备利用率不高。②半固定管道喷灌系统。其首部、干管在整个灌溉季节或常年固定不动,埋于地下,而支管铺于地表,移动使用。半固定式喷灌系统支管利用率高,投资较低。③移动管道喷灌系统。其干管、支管甚至首部均可移动使用。适用于经济欠发达地区、面积较小或分散地块、机动性强,但劳动强度较高。

(2)机组喷灌系统。常见的机组喷灌系统包括轻小型喷灌机组、绞盘式喷灌机、圆形喷灌机及平移式喷灌机。①轻小型喷灌机组。指配套动力在 11 kW 以下的喷灌机组,按移动方式可分为手提式、手抬式和手推式;按配套喷头数量分为单机单头式、单机多头式。轻小型喷灌机结构简单、安装操作容易、结构紧凑体积较小、耗能少、投资及运行费用较低、操作保养较方便、能充分利用分散小水源。②绞盘式喷灌机。绞盘式喷灌机包括钢索牵引式和软管牵引式两种,结构简单、制造容易、维修方便、价格低廉、自走式喷洒、操作方便、平稳可靠、适应性强。绞盘式喷灌机工作方式有两种:一是单喷头远射程喷灌,二是多喷头桁架车低压喷洒。③滚移式喷灌机。由中央驱动车、带喷头的铝制喷洒支管、爪式钢制行走轮、有矫正器的摇臂式喷头、自动泄水阀和制动支杆等部分组成。滚移式喷灌机结构简单,操作简便,维修费少,运行可靠,损毁的作物面积少;驱动装置传动动力大,效率高,可无级变速,控制面积大,单位面积投资较少。④圆形喷灌机。按行走驱动力可分为水力驱动、液压驱动、电力驱动圆形喷灌机。其中,电力驱动圆形喷灌机是目前国内外被广泛使用的一种。⑤平移式喷灌机。平移式喷灌机是在圆形喷灌机的基础上发展起来的,克服了圆形喷灌机四周不能灌溉的弊端。

3. 主要移动式机组喷灌系统类型

(1)卷盘式喷灌机(图 4-18)。

结构特点：新技术和特殊材料制成的 PE 管，具有柔韧性好、抗冲击强度高和使用期长特点；核心部件水涡轮驱动装置采用混流，式水涡轮，效率高，工作稳定可靠。工作时，车架两个支撑板插入地下，保证设备稳定可靠；水涡轮通过变速箱、驱动链轮和链条，把动力传送到卷盘；水量和连接压力不同，PE 管转盘回转速度不同，PE 管回收速度通过水涡轮调速板调整；出喷水车回收到主机前时，自动停车装置将离合器自动脱开，结束回卷过程，移动喷灌结束。

图 4-18　卷盘式喷灌机

（2）电动圆形喷灌机（图 4-19）。

图 4-19　电动圆形喷灌机

①主要结构特点。装有喷头的若干跨桁架，支承在若干个塔架车上。桁架之间通过柔性接头连接，以适应坡地等作业。中心支轴上水管采用专用密封元件，确保支轴密封与电缆管密封可靠、耐用；桁架和塔架结构设计非常合理，保证了行走的稳定性；高性能传动系统，提高了喷灌机的通过性能；喷头、减速机等零部件，均选用高品质的零部件，确保整机的技术和质量；控制系统的主要电气元件，均采用国际名牌正品，确保控制可靠，使用寿命长。②主要技术参数。主管道尺寸分为 168 mm、219 mm 两种，壁厚 3 mm，跨体长度 62 m、56 m、50 m、44 m、38 m 等可选，作物净通过高度 2.9 m（标准型）、4.6 m（增高型），悬臂长度 24 m、18 m、12 m、6 m 等长度供选择，喷嘴间距 2.9 m 和 1.49 m 两种供选择，轮距：4.1 m。

（3）平移式喷灌机（图 4-20）。

图 4-20 平移式喷灌机

①主要结构特点。行走支架双倍运动链系驱动，进行往返灌溉，在灌溉地块的端头可以进行空回转行走；采用四种不同型式的可更换喷头，确保喷水均匀。②主要技术参数。供水方式为水渠或其他，设备长度 300.55 m，设备入口处压力 233kPa，沿程损失 33kPa，管道厚度 3 mm，喷头工作压力 150kPa，供水管类别为软管，3 个水栓，有效控制长度 319.55 m，控制面积 40 hm²，水泵流量 134.4 m³/h，尾枪型号为西美 10124，尾枪射程 14 m，尾枪流量 8.2 m³/h，一次灌溉的最短时间为 10.24 h。③推广应用情况。10 余年来，伊尔灌溉产品已

有 3 000 余套大中型设备在新疆、内蒙古、甘肃、银川、山东、哈尔滨、辽宁、海南及河北等省(自治区)服务于现代化农业及园林绿化领域。

第三节　小麦机械化收获

小麦收获是机械化生产中的重要环节,对于小麦产量和质量具有重要意义。小麦收获具有很强的季节性,一般适宜收获期仅有 5～8 d。收获过早,籽粒不饱满,脱粒、清选损失增加;收获过迟,自然损失以及机械作业时割台损失增加。小麦人工收获劳动强度大,需要弯腰低头,腰酸腿疼,时间长、效率低。经过近30 年发展,我国小麦收获基本实现了机械化。据统计,2017 年全国小麦机收率在 90％以上,山东更是达到了 98.5％。但是,与发达国家相比,我国小麦收获装备在研发能力、制造水平、产品质量、生产效率,以及自动化、智能化水平方面差距甚大,急需对现有产品更新换代,提升小麦机收作业质量和效率。

一、小麦成熟期特性及机收技术要求

(一)小麦成熟期特性

1. 小麦成熟期

小麦的成熟期分为乳熟、蜡熟、完熟、过熟等几个阶段,在不同的成熟期,籽粒饱满度、籽粒及秸秆含水量、籽粒与穗轴之间的连接强度等指标也不同。同一地块的小麦,因地力水平、灌溉条件等生长发育环境条件不同,成熟度并不完全一致。同一穗上的籽粒,由于形成花蕾和开花的次序有先后,成熟度也参差不齐。小麦属于穗状花序,最先开花和结实的在穗头中部,然后是穗头顶部和底部,因此,穗头中部籽粒饱满、穗头顶部和中部次之。针对小麦成熟情况不一的特性,收获时应采取不同的收获方式。

(1)小麦乳熟期。这时小麦灌浆没有结束,植株湿青,收获后籽粒发芽率低,多用于鲜食。一般采用分段收获方式。

(2)小麦蜡熟期。一般历时 3～7 d,根据籽粒硬化程度和植株枯黄程度,又分为蜡熟初期、中期和末期。

蜡熟初期:小麦籽粒正面呈黄绿色,用手指掐压籽粒易破,胚乳成凝蜡状,无白浆、无滴液,籽粒受压而变形;茎叶中的养分仍可向籽粒输送,粒重仍在增加。当田间取样 50％的籽粒达到以上情况、籽粒含水量在 35％～40％时,为蜡熟初期。这时田间全株金黄,多数叶片枯黄,旗叶金黄平展,基部微有绿色,茎节、穗节含水较多，微带绿色，柔软韧性强，此期1～2 d。

蜡熟中期：籽粒全部成黄色，饱满湿润，用指甲掐籽粒可见痕迹，用小刀切籽粒，软而易断，但不变形；田间取样50％的籽粒达到以上情况，籽粒含水率在35％左右时，为蜡熟中期。此时植株茎叶全部变黄，其下部叶变脆，茎秆仍有弹性，部分品种穗基部仍有微绿色。正常成熟的植株，有机养分仍向籽粒输送。此期1～3 d。

蜡熟末期：籽粒颜色接近于本品种固有色泽，且较为坚硬，通常全田取样有50％的籽粒达到以上标准，籽粒含水量25％左右时，为蜡熟末期。这时植株全部枯黄，叶片变脆，茎秆仍有弹性，籽粒中有机物质积累结束，千粒重达到最大值。此期1～3 d。

（3）小麦完熟期。这时籽粒全部变硬，呈现本品种固有色泽，小麦植株干燥，含水量在20％左右；籽粒密度大、发芽率高、品质好。这时植株枯黄，叶片和穗头含水量低，易折断；籽粒与穗轴连接力下降严重，易脱粒；秸秆与籽粒密度差大，易于分离清选。

（4）小麦过熟期。这时小麦植株干燥，籽粒与穗轴连接力极低，易造成自然脱落损失，小麦籽粒品质变差。因此，小麦收获时不要等到这个时期，适时收获为好。

2. 小麦含水量

小麦含水量是影响机收质量的重要因素。对于含水量大的作物，切割、脱粒、分离与清选都比较困难，可能导致机械装备作业质量变坏、动力损耗增加。因此，在雨水较多的地区，要选择适应秸秆潮湿作业的收获机械和方式，同时提高"湿脱"和"湿分离"的性能。

小麦的含水量随着成熟度增加逐渐降低。茎秆的高度不同部位，其含水率变化也很大，如在小麦基部含水75％时，茎秆下部约35％，穗头处则可低至15％左右。因此，收获时留茬高度直接影响作业效率和作业质量。

3. 作物倒伏

作物倒伏会给机械收割造成困难，增加损失，降低效率，需培育抗倒伏品种；在栽培管理方面，采取防倒伏措施；试验研究适应倒伏收获的机械，从多方面解决问题。

（二）小麦收获的农业要求

小麦收获的农业技术要求是收获机械装备使用和设计的依据。

由于黄淮海区域面积大，各地自然条件各异，品种多样，栽培制度不尽相同，对小麦收获的技术要求不尽一致。概括起来主要有以下几点。

1. 适时收获，尽量减少损失

为防止自然落粒和收割时的损失，小麦以蜡熟后期开始收获，到完熟期收割完毕，一般 3～7 d。因此，收获机械要有较高的作业效率和工作可靠性。

2. 保证收获质量

割茬高度应尽量低，一般 5～10 cm，只有两段收获法，才可保持 15～25 cm。在收获中还要尽量减少籽粒破碎及机械损伤，以免影响籽粒发芽率和贮藏加工。收获的籽粒应具有较高的清洁率。

3. 禾条铺放整齐、秸秆堆积或粉碎

割下的小麦为了便于打捆，须横向放置，按茎基部排列整齐，穗头朝向一边。两段收获时，其麦穗和基部需要相互搭接成连续的禾条，铺放在麦茬上，以便通风晾晒及后熟，并防止积水霉变；捡拾和直收时，秸秆应进行粉碎直接还田，不利于直接还田的，需对秸秆进行后续压缩打捆，利于秸秆综合利用。

4. 有较强的适应性

由于黄淮海地区自然条件和栽培制度差异，旱田水田兼有，平作垄作共存，间作套作同行，小麦倒伏、雨季潮湿同在。因此，要选择结构简单、重量轻，工作部件、行走装置适应性强的收获机械。

（三）小麦机械化收获方法

小麦收获是农业机械化生产过程中最复杂的工艺过程。目前，关于小麦收获的方法基本分为分段收获法、联合收获法和两段收获法。

1. 分段收获法

先用收割机将小麦割断成条，铺放在田间，用人工打捆（也可用收割机一次完成收割、打捆作业），用脱粒机进行脱粒，再用人工清扬。这种收获方式适合小麦在蜡熟中早期收获，所需机械结构简单，价格较低，保养维修方便。但收获过程人工需求多，工作效率低，总损失大。这种方法是黄淮海地区三十年前常用的收获方式。

2. 联合收获法

用小麦联合收割机在田间一次完成收割、脱粒、分离和清选等程序作业。这种收获方法优点是：生产效率高、劳动强度和收获损失少。但机械结构复杂，设备一次性投资大，对技术使用要求高。小麦最佳联合收获期为蜡熟末期或完熟期。

3. 两段收获法

将小麦收获分为两个阶段：先在小麦腊熟期用割晒机割下成条状铺放在割茬

上，经过 3～5 d 晾晒，利用后熟作用，使籽粒成熟变硬，然后利用带拾禾器的联合收获机，将小麦沿条铺捡拾、输送、脱粒、分离和清选联合作业。与联合作业相比，小麦经后熟作用，提高了产量和质量；小麦经晾晒，湿度小，易脱粒清选，作业效率高。缺点是增加了机械进地次数和燃油消耗(7%左右)。在多雨潮湿地区，可能造成籽粒霉变，不易采用此法收获。

二、小麦收获机械种类及作业质量

(一)小麦收获机械种类

小麦收获时，不同的收获方法所采用的机械在用途上和构造上都不相同，主要包括收割机、脱粒机、联合收割机三大类。

1. 收割机械

收割机械可完成收割和铺放两道作业工序。按照小麦铺放形式不同，分为收割机、割晒机和割捆机。

(1)收割机。可将小麦基部切割后，进行茎秆转向条铺，即把茎秆转到与收割机前进方向基本垂直的状态进行铺放，便于后续人工打捆、运输。收割机按照割台输送装置不同，可分为立式割台收割机、卧式割台收割机和回转式割台收割机；按照与动力机连接方式不同，可分为牵引式和悬挂式两种。20 世纪八九十年代，黄淮海地区前置悬挂式收割机应用较多，作业时自行开道，减少人工作业。

(2)割晒机。割晒机可将小麦基部切割后，进行顺向条铺，即把茎秆与按照割晒机前进方向基本平行的方向条铺，适于装有捡拾器的联合收割机进行捡拾联合作业。

(3)割捆机。割捆机可将小麦基部切断后，直接进行打捆，并放置田间。

2. 脱粒机械

脱粒机械是一种通过搓揉、打击等方式，将小麦籽粒从穗轴上分离下来的机械装备。脱粒机按照不同的分类方式，具有不同种类。

(1)按照完成脱粒工作情况及结构复杂程度，可分为简易式、半复式和复式三种。简易式脱粒机仅有脱粒装置，仅能把籽粒从穗轴上脱下来，分离、清选工序则依靠其他机械完成。半复式脱粒机除有脱粒装置外，还有简易分离机构，能把脱出物中的茎秆和部分颖壳分离出来，但仍需其他机械进行清选。复式脱粒机具有完备的脱粒、分离和清选机构，它不仅能把小麦籽粒脱下来，还能完成分离和清选作业。

（2）脱粒机械按照喂入方式，可分为半喂入式和全喂入式。半喂入式只把穗头送入脱粒装置，茎秆不进入脱粒装置，脱粒后可保持茎秆完整。全喂入式把穗头及茎秆全部送入脱粒装置，茎秆经过脱粒装置后被压扁破碎，增加了脱粒装置的负荷。

（3）脱粒机械按照物料在脱粒装置的运动方向，可分为切流型和轴流型两种。切流型脱粒机内的物料沿脱粒滚筒圆周方向运动，无轴向流动，脱粒后的茎秆沿滚筒抛物线抛出，滚筒的线速度高，脱粒时间短，生产效率高，适于茎穗干燥的小麦脱粒。轴流型脱粒机内的物料在沿滚筒切线方向流动的同时，还作轴向流动，茎秆在脱粒室内工作流程长，脱净率高，籽粒破碎率低，但茎秆破碎严重，功耗略高，脱粒机构适应性广，尤其适于潮湿、水分高的小麦脱粒作业。

3. 联合收获机械

能够依次完成小麦切割、输送、脱粒、分离和清选，以至秸秆处理的复式作业机械装备。小麦联合收获机械除配套动力外，主要是收割机械和复式脱粒机械的组合。

（1）按照动力配备方式，分为牵引式、悬挂式和自走式。牵引式结构简单、转弯半径大，机动性差，需人工割出拖拉机行驶道路，东北地区早期有所应用，但数量不多；悬挂式就是将收割、复式脱粒机械悬挂在拖拉机上，该机具有结构简单、造价低、机动性强、能自行开道的优点，黄淮海地区发展初期，大量应用这类联合收获机械。自走式小麦联合收获机是将小麦收割机和脱粒机用中间输送装置连接为一体，并有专用动力及底盘的小麦联合收获机械，其收割装置配备在机器正前方，能自行开道、机动性好、生产效率高、作业质量好，虽造价略高，但目前应用最多。自走式联合收获机按照驱动装置不同又分为轮式和履带式。轮式联合收获机转移速度快，驾驶灵活；履带式联合收获机转移速度慢，但对土壤破坏程度低。

（2）按照茎秆喂入形式不同分为全喂入、半喂入和梳脱式三种形式。全喂入式是将茎秆和穗头全部喂入进行脱粒和分离，作业效率高、损失率低，但要求秸秆干燥度高。半喂入式用夹持链夹紧作物茎秆，只将穗部喂入脱粒装置，脱离后茎秆保持完整，能减少脱粒和清选功率消耗，目前主要用于水稻收获机。

（3）按照生产效率分为大型（喂入量 5 kg/s 以上）、中型（喂入量 3～5 kg/s）、小型（喂入量 3 kg/s 以下）。20 世纪 90 年代，黄淮海地区主要应用小型联合收获机，目前主要应用中型、大型联合收获机。2017 年山东新增购置补贴小麦联合收获机 7 802 台，其中大型 6 436 台，占补贴总量的 82.49%。

近年来，随着农村经济和农机化发展，黄淮海地区小麦两段收获法、分段收获法已被摒弃，小麦联合收获技术及装备已经普及，小麦收获主要选用大型全喂入自走轮式小麦联合收获机。

（二）联合收获机械作业质量及检测办法

1. 小麦联合收获机械作业质量指标

按照农业行业标准《谷物（小麦）联合收获机械作业质量》（NY/T 995－2006）要求，黄淮海地区常用全喂入自走式小麦收获机作业质量主要指标如下。

损失率≤2.0%，破碎率≤2.0%，含杂率≤2.5%，还田茎秆切碎合格率≥90%，还田茎秆抛撒不均匀率≤10%，割茬高度≤18 cm，收获后割茬高度一致，无漏割，地头地边处理合理，地块和收获物中无明显污染。

2. 小麦联合收获机械作业质量检测

机械作业后，在检测区内采用5点法测定。从地块4个角画对角线，在1/8～1/4对角线长的范围内，确定出4个检测点位置再加上一条对角线的中点。

（1）割茬高度检测。在样本地块内按近似五点法取样，每点在割幅宽度方向上测定左、中、右3点的割茬高度，其平均值为该点处割茬高度，求5点的平均值。

（2）损失率。每个取样点处沿联合收获机前进方向选取有代表性的区域取1 m² 取样区域，在取样区域内收集所有的籽粒和穗头，脱粒干净后称其质量，按下式分别计算损失率，最后取5点损失率的平均值。

$$S_j = (W_{sh} - W_z) \times 100 \div W_{ch} \tag{4-1}$$

式中：S_j ——第 j 取样点损失率，%；

W_{sh} ——每平方米籽粒损失质量，g/m²；

W_z ——每平方米自然落粒质量，g/m²；

W_{ch} ——每平方米测区籽粒总质量。

（3）含杂率。在联合收获机正常作业过程中，从出粮口随机接样5次，每次不少于2 000 g，集中并充分混合，从中含杂样品5份，每份1 000 g左右，对样品进行清选处理，将其中的茎秆、颖糠及其他杂质清除后称质量，按下式计算含杂率，最后取5份含杂率平均值。

$$Z_z = W_z \times 100 \div W_{zy} \tag{4-2}$$

式中：Z_z ——第 i 个样品含杂率，%；

W_z ——样品中杂质质量，g；

W_{zy} ——含杂质样品质量，g。

（4）破碎率。用四分法从样品处理后的籽粒中取出含破碎的样品 5 份，挑选出其中破碎籽粒，并称其重量，按下式计算破碎率，最后取其平均值。

$$Z_{zp} = W_p \times 100 \div W_{py} \tag{4-3}$$

式中：Z_{zp}——第 i 个样品破碎率，%；

W_p——样品中破碎籽粒质量，g；

W_{py}——含破碎籽粒样品的质量，g。

（5）还田茎秆切碎合格率和还田茎秆抛撒不均匀率。在每个取样点处选取 1 m² 的测试区，并收集区域内所有还田茎秆称其质量，在从中挑选出切碎长度大于 15 cm（山东地方标准 10 cm）的不合格还田茎秆称其质量，按照下式计算还田茎秆切碎合格率，并取平均值。

$$F_h = (W_{jz} - W_{jb}) \times 100 \div W_{jz} \tag{4-4}$$

式中：F_h——还田茎秆切碎合格率，%；

W_{jz}——测点还田茎秆质量，g；

W_{jb}——测点不合格还田茎秆质量，g。

在 5 个测点中找出测点还田茎秆质量最大值和还田茎秆最小值，按照下式计算还田茎秆抛撒不均匀率。

$$F_b = (W_{max} - W_{min}) \times 100 \div W_{jj} \tag{4-5}$$

式中：F_b——还田茎秆抛撒不均匀率，%；

W_{max}——测点还田茎秆质量最大值，g；

W_{min}——测点还田茎秆质量最小值，g；

W_{jj}——测点还田茎秆质量平均值，g。

（6）收获后地表状况及污染情况。用目测法观察收获后样本地表：割茬高度是否基本一致；是否有较大漏割地块；收获作物有无收获机械造成的明显污染。

三、典型小麦联合收获机结构特点与工作原理

全喂入自走轮式小麦联合收获机按照脱粒物料在脱粒室运动轨迹，以及籽粒与茎秆分离方式不同分为切流＋逐稿器式（一种籽粒与茎秆分离装置）、切流＋横轴流式、切流＋纵轴流式和纵轴流式四种典型形式。

（一）切流＋逐稿器式小麦联合收获机

切流＋逐稿器式小麦联合收获机是一款传统的小麦联合收获机，俗称康拜因。采用纹杆式切流脱粒滚筒，逐稿器式分离装置，对秸秆进行充分翻抖，增强了秸秆的散落性，保证作物有效地进行分离。代表型号有丰收 3.0、迪尔 W 系

列、道依茨法尔 DF4LZ－13 型等小麦联合收获机(图 4-21)。

图 4-21 道依茨法尔 DF4LZ－13 型等小麦联合收获机

目前,黄淮海地区切流＋逐稿器式小麦联合收获机数量较少,在生产规模较大的国有农场少量应用,这里介绍一些早期或东北地区常见机型的结构性能指标(表 4-1),供参考。

表 4-1 常用逐稿器式小麦联合收获机结构性能指标

型号	喂入量 /(kg/s)	割幅 /m	配套动 力/kW	脱粒 机构	分离 机构	清选 机构	行走 方式
丰收 3.0	3.0	3.3	65	切流纹杆式	双轴四键式 逐稿器	风机＋双层 鱼鳞筛	轮式
迪尔 W80	4.0	3.66	86	切流纹杆式	双轴四键式 逐稿器	风机＋双层 鱼鳞筛	轮式
迪尔 W230	7.0	4.57	136	切流纹杆式	双轴五键式 逐稿器	风机＋双层 鱼鳞筛	轮式
道依茨法尔 DF4LZ－13	13.0	4.2	163	双切流滚筒 钉齿和纹杆	双轴五键式 逐稿器	风机＋双层 鱼鳞筛	轮式

(二)切流＋横轴流式小麦联合收获机

切流＋横轴流式小麦联合收获机是在传统小麦联合收获机基础上,为适应我国农业生产规模小、小麦收获时间早的要求,由新疆农业机械化学院研发生产的产品。其最大特点是采用板齿切流滚筒和纹杆＋钉齿轴流脱分滚筒两个滚筒,实现小麦有效脱粒、分离，去掉了逐稿器，机体大大缩小。代表型号有新疆－2、谷神 GE、GF 系列(图 4-22)等小麦联合收获机。

图 4-22　谷神 GE80 型小麦联合收获机

目前，在黄淮海地区切流＋横轴流式小麦联合收获机保有量较多，农机购置补贴初期以喂入量 5 kg/s 左右为主，近几年，群众主要选购 7～8 kg/s 的机型，现列举黄淮海区几款常见机型的结构性能指标(表 4-2)，供参考。

表 4-2　常见切流＋横轴流式小麦联合收获机结构性能指标

型号	喂入量 /(kg/s)	割幅 /m	配套动力 /kW	脱粒分离机构	清选机构	行走方式
巨明 4LZ－5.0	5.0	2.5	66	切流＋横轴流	风机＋双层鱼鳞筛	轮式
谷王 TB60	6.0	2.5	92	切流＋横轴流	风机＋双层鱼鳞筛	轮式
金大丰 4LZ－7	7.0	2.65	121	切流＋横轴流	风机＋双层鱼鳞筛	轮式
谷神 GE80	8.0	2.65/2.75	121	切流＋横轴流	风机＋双层鱼鳞筛	轮式
谷神 GF80	8.0	3.25	118	切流＋横轴流	风机＋双层鱼鳞筛	轮式

（三）切流＋纵轴流式小麦联合收获机

切流＋纵轴流式小麦联合收获机是在现代小麦联合收获机基础上，为适应我国农业生产规模不断扩大、小麦收获质量提升要求，学习借鉴国外技术研发的产品。其最大特点是采用板齿切流滚筒和分段式纵轴流脱分滚筒两个滚筒，实现小麦有效脱粒、分离。代表型号有雷沃 GN 系列、迪尔 C 系列（图 4-23）谷物联合收获机。

图 4-23　迪尔 C 系列谷物联合收获机

目前，黄淮海地区切流＋纵轴流式小麦联合收获机刚刚兴起，保有量较少，通过生产企业的不断改进和完善，这种的机型为主，这里介绍几款黄淮海区常见机型的结构性能指标（表 4-3），供参考。

表 4-3　常见切流＋纵轴流式小麦联合收获机结构性能指标

型号	喂入量/（kg/s）	割幅/m	配套动力/kW	脱粒分离机构	清选机构	行走方式
谷神 GN60	6.0	4.57	103	切流＋纵轴流	风机＋双层鱼鳞筛	轮式
谷神 GN70	7.0	4.57	125	切流＋纵轴流	风机＋双层鱼鳞筛	轮式
春雨 4LZ－8CZ	8.0	2.75	100	切流＋纵轴流	风机＋双层鱼鳞筛	轮式
迪尔 C100	6.0	3.66/4.57	100	切流＋纵轴流	风机＋双层鱼鳞筛	轮式
迪尔 C230	8.0	5.4	150	切流＋纵轴流	风机＋双层鱼鳞筛	轮式
久保田 PR0688Q	2.5	2.00	50	纵轴流脱粒杆齿式	风机＋振动筛	履带式

（四）纵轴流式小麦联合收获机

纵轴流式小麦联合收获机是近年国内外农机设计专家研发的新产品，最大特点用纵轴流脱分滚筒，取代实现小麦有效脱粒、分离。纵轴流小麦收获机结构简单，清选系统面积大，但其传动系统复杂，滚筒喂入部位易堵塞。主要代表型号有迪尔S系列，雷沃M系列、K系列，谷王F系列，金亿可乐收等型号谷物联合收获机。

目前，黄淮海地区纵轴流式小麦联合收获机刚刚起步，受生产批量影响，产品价格较高。这里介绍常见机型的结构性能指标（表4-4），供参考。

表4-4 不同纵轴流式小麦联合收获机结构性能指标

型号	喂入量/(kg/s)	割幅/m	配套动力	脱粒分离机构	清选机构	行走方式
久保田PRO100	5	2.6	80.1	纵轴流	风机＋双层鱼鳞筛	轮式
谷神GM80	8.0	2.56/2.75	129	单纵轴流	风机＋双层鱼鳞筛	轮式
谷神GK100	10.0	4.57/5.34	162	单纵轴流	风机＋双层鱼鳞筛	轮式四轮
谷王TC80	8.0	3.5	100	单纵轴流	风机＋双层鱼鳞筛	轮式
迪尔S660	14.0	6.7	239	单纵轴流	风机＋双层鱼鳞筛	轮式

四、小麦收获技术要点与注意事项

（一）技术要点

1. 适时收获

小麦要在完熟期收获，秸秆干燥、籽粒硬度高，可以充分发挥联合收获机械效率。

2. 正确选用机械

随着联合收获装备成熟，用户可根据作业需要，选择大喂入量、高清洁率、秸秆切碎率高的"切流＋横轴流"或纵轴流联合收获机。

3. 正确操作机械

作业时，要始终保持大油门，匀速前进，需要降低前进速度和停车时，也要保持脱粒清选部分正常运转一段时间，避免堵塞。

（二）操作要领

1. 田间准备

作业前，要了解小麦的生长情况、倒伏状况及通往田间的道路等；清除田间障碍，平渠埂、危险地带设标记等；人工开割道，为正式开机做好准备。

2. 机械准备

首先要对收割机进行全面的检查、调整，重点是收割机的行走部分、割台、脱粒机构及发动机等，使整个机器达到良好的技术状态；调整后试运转，包括发动机无负荷试运转，整机原地空运转，整机负荷试运转；准备辅助机械，要根据收割机的功率、型号合理选配运粮、脱粒、运秸秆机械等；准备易损零配件，如割刀、传动皮带等。

（三）注意事项

1. 作业前应进行试割

以检验机械的检修和调整质量，并进一步调整好机器，使之适应大面积作业要求。试割开始时应使用低速，割幅用 1/3，并逐渐加大达到正常速度和割幅。试割过程中要经常检查各部位工作是否正常，必要时进行调整。

2. 确定作业速度

作业速度应根据喂入量和小麦品种、高度、产量和成熟度来确定，一般以脱粒机构满负荷工作，清选机构工作正常为度。行走路线应考虑到卸粮方便，并注意使割刀传动装置靠着已收获的空地。

3. 大油门作业

为确保切割、输送、脱离、清选运转正常，作业中要始终保持发动机大油门，高速运转。即使在收割机走出地头后，也要保持高速运转一段时间。

第五章　小麦自然灾害与防御

第一节　倒　春　寒

倒春寒是冬小麦常见的一种自然灾害，近几年发生频繁，已经严重影响了小麦的高产稳产。随着气温逐渐回暖，小麦从南到北陆续进入返青拔节期，科学预防和应对倒春寒成了当前小麦生产的首要任务。本节将介绍倒春寒的危害特征，分析冬小麦遭遇倒春寒形成冻害的原因，提出详细的防御措施，旨在对小麦生产起到一定的指导作用。

一、危害特征

倒春寒又叫早春冻害，是指春季气温回升以后，因寒潮到来，又突然急剧降温，最低气温达到 0 ℃左右的天气过程。由于冬小麦在立春以后陆续进入返青拔节期，抗寒力逐渐下降，因此，当寒潮到来时，小麦极易发生冻害，轻的造成小麦叶片发白干枯，初期像开水烫过一样；重的造成小麦幼穗受冻，生育后期抽不出穗或畸形穗，小麦籽粒缺失，穗粒数下降，甚至全株死亡，小麦产量损失严重。

二、原因分析

冬小麦遭遇倒春寒形成冻害与品种特性、播期、播量及田间管理措施等因素有密切关系。

1. 品种特性

不同区域需要种植相应类型的品种。品种类型不同，抗寒性有显著差异。冬性品种抗寒能力强，半冬性和弱冬性品种抗寒能力相对差一些。即使同一类型的各品种之间也有差异。在同样栽培和气候条件下，同一类型的品种中，冬性偏弱的品种与其他品种相比，一般冻害较重。

2. 种植及管理措施

小麦播种期过早，生长发育阶段提前，抗寒性降低，遭受冻害较重。适期播种的小麦受害轻。整地质量差、播后未镇压、播种量偏大，麦苗瘦弱的田块冻害发生重。一般肥水条件好，管理到位，冬前形成壮苗的麦田受害轻。冬前旺苗未采取控旺措施、未浇冻水的麦田、返青拔节期干旱缺肥的麦田冻害重。

三、防御措施

1. 灾前预防措施

（1）分类管理。要结合苗情特点和天气变化对麦田进行分类指导，加强田间管理，提高植株的抗寒性。对于生长过旺的麦田要以"控"为主，采取镇压、深锄、喷施壮丰安植物生长调节剂等措施，抑制小麦过快生长发育，避免小麦过早拔节，提高抗寒性，同时还可提高小麦抗倒伏能力。对于旺长麦田春季的第一次肥水可以推迟到起身后期或拔节前后。对于一般麦田应该"促控结合"，先镇压、后浅中耕，以达到提温保墒的作用。起身期适量追肥浇水，促进分蘖生长，争取多成穗。对于弱苗田要以"促"为主，尽量做到早划锄，提高地温，增蘖发根，注意划锄要浅，避免伤根。返青后要结合墒情追施速效氮肥，弱苗田只要墒情尚可，应避免早春浇水，以免降低地温。一般在返青后期或起身前期进行追肥浇水。

（2）冻前浇水。冻前浇水是防御倒春寒最有效的措施之一。在有强倒春寒到来前，对有冻害危险的麦田，一定要及时浇水，调节近地面层小气候，以显著减轻冻害。

（3）增施有机肥。在小麦起身拔节期，增施一些有机肥和磷肥、钾肥，以促进根系发育，抑制麦苗地上部分旺长，增强抗寒能力。

（4）喷施调节剂。倒春寒到来之前，叶面喷施天达 2116 壮苗灵（粮食专用型）等植物营养剂，可提高植株免疫力和抗击各种灾害的能力，减轻危害。

第二节　风害和干热风

风害和干热风是一种高温、低湿并伴有一定风力的农业灾害性天气。风害和干热风有高温低湿型、雨后青枯型、热风型 3 种类型，发生干热风时，温度显著升高，湿度显著下降，并伴有一定风力，蒸腾加剧，根系吸水慢，往往会导致小麦灌浆不足，秕粒严重甚至枯萎死亡，从而造成小麦不同程度的减产。因此，应及时预防风害和干热风，降低其对小麦生产的不利影响，这对黄淮麦区小麦生产的稳产、高产具有特殊意义。

一、确定技术

1. 营造农田防护林

营造防护林对于调节农田小气候、改善生态环境、防御干热风有良好效应。农田营造防护林有降低温度、增加湿度、削弱风速和减少蒸发蒸腾的作用。由于林网能减弱干热风的强度，缩短干热风的持续时间，减少干热风出现频率，因此林网内小麦受害轻，生理活动正常进行，增产效果明显。因此，加强农田林网基本建设，对防御风害和干热风灾害意义重大。

2. 实行桐麦间作

冬小麦与泡桐间作有降低温度、增加湿度、削弱风速和减少蒸发的作用，因此实行桐麦间作能有效地防御或减轻风害和干热风危害。陈兴武等（2007）试验发现，小麦间作田的光照强度、气温、地温均小于小麦单作田。离树干越近，气温越低，这对小麦灌浆期减轻干热风危害非常有效，对改善田间小气候、延长小麦灌浆时间有重要作用。由于泡桐适宜生长在排水良好、土层深厚、通气性好的沙壤土或沙砾土中，这些地区可发展桐麦间作生态模式，而低洼易涝、黏重、碱性较强、较寒冷地区不适宜泡桐良好生长，这些区域发展桐麦间作需慎重。

3. 选用抗干热风能力强的品种

在风害和干热风经常出现的地区应注意选择抗逆性强的早熟品种，这类小麦品种的特点是灌浆速度快，早熟、抗旱、耐高温，不易感染病虫害等。选育丰产性好、抗干热风强的品种是防御干热风的根本措施，一般落黄好的品种都比较抗风害和干热风。

传统育种方法周期长、定向性差、效率低，又受到种质资源匮乏或难以利用的限制。随着植物基因工程的发展以及大量抗逆基因的鉴定和克隆，利用基因工程方法培育抗逆作物新品种已成为减轻逆境胁迫造成损失的重要手段，转 *betA* 基因能够提高小麦对热、旱、风胁迫的抗性，为小麦抗干热风育种提供资料。张伟伟等（2011）研究表明，干热风胁迫使得各株系植株的旗叶甜菜碱含量升高，但转 *betA* 基因株系的叶片甜菜碱含量比野生型的高 18%～87%。在甜菜碱保护作用下，转基因植株在胁迫条件下能够维持较高的光合速率，合成较多的碳水化合物。因此，转 *betA* 基因增强抗干热风能力主要是通过显著提高小麦植株甜菜碱含量实现的。

二、应变技术

1. 加强肥水管理，改善麦田小气候

通过灌溉保持适宜的土壤水分增加空气湿度，可以预防或减轻干热风危害。薄地和沙土地应尽量避免在大风和降雨天气浇灌。麦田后期灌溉 1 次水，地表温度可以降低 4 ℃左右，小麦株间湿度可增大 4％～5％。应适时浇足灌浆水，灌浆水一般在小麦灌浆初期。若灌浆初期遇小雨，只要没下透雨，就应在小雨后浇足水分以免后期缺水。肥力好、水分充足的麦田，浇麦黄水易引起减产，且影响强筋小麦品质。提倡施用酵素菌沤制的堆肥，增施有机肥和磷肥，适当控制氮肥用量，合理施肥不仅能保证供给植株所需养分，而且对改良土壤结构、蓄水保墒、抗旱、防御干热风起着很大作用。

2. 培育健壮群体，增强抗干热风能力

通过调整作物布局，加深耕作层，熟化土壤，使根系深扎，适时早播，培育壮苗，健壮群体，促小麦早抽穗，适时浇好灌浆水、麦黄水，补充蒸腾掉的水分，使小麦早成熟，通过这些耕作和栽培技术，也能取得防避干热风的效果。

3. 小麦干热风的化学防治

在干热风来临之前，或小麦生育后期向叶面喷施化学制剂，调节小麦新陈代谢的能力，增强株体活力，达到抗灾的目的。草木灰、抗旱剂一号、阿司匹林、磷酸二氢钾、氯化钙、萘乙酸、硼肥、锌肥等，这些制剂大多能提高小麦抗旱或抗干热风的能力，增强光合作用，提高灌浆速度和籽粒饱满度，或使小麦叶片气孔处于关闭状态，减少植株蒸腾失水量，从而减轻干热风的损失。

除了上述的风害和干热风外，在不同生态地区及特定时段还会发生冰雹、沙尘等极端天气候事件。例如，小麦灌浆前期风灾倒伏发生概率较高，危害也较大，这就需要加强品种、耕作与化控等措施综合运用；平原地区降冰雹次数虽少，但多出现在农作物生长的关键时期，且雹块一般较大，其对农作物的危害也不容忽视。

第三节　旱　　害

旱害(旱灾)指因气候严酷或不正常的干旱而形成的气象灾害。一般指因土壤水分不足，农作物水分平衡遭到破坏而减产或歉收从而带来粮食问题。土壤水分不足，不能满足牧草等农作物生长的需要，造成较大的减产或绝产的灾害。旱灾

是普遍性的自然灾害，不仅农业受灾，严重的还影响到工业生产、城市供水和生态环境。

应对干旱措施分长期抗旱和应急抗旱，长期抗旱是指人们为解决干旱缺水问题，满足农作物生长对水的需求而进行的具有长期性、持续性的抗旱活动，如兴修水利、扩大灌溉面积、土壤培肥、农田基本建设和生态建设等，是一个地区抗旱能力的根本保证；而应急抗旱是重大灾情发生时所能做出的反应，可以看成是一个地区现实抗旱能力的综合体现，因此，抗旱减灾的过程其实就是人类力量与自然灾害力量对比的过程。

一、确定技术

1. 搞好农田基本建设，增强抗旱减灾能力

搞好农田基本建设，兴建能在生产上长期发挥效益的设施，是保证粮食丰产稳产的基础。在干旱发生时，良好及时地灌溉更是减少损失、增加产量的重要保障。农田灌溉水源建设的多少可用"灌耕比"来表示，即此区域中可灌溉面积占全部耕地的比例，该指标能够较好地反映各地抗旱能力，如河南麦区灌耕比从豫西、豫西南地区向豫东北、豫北方向增大。单位灌溉面积上电机井数量作为当地农业基础设施建设的重要组成，是反映农业抗旱能力的抗旱因子之一。整体而言，河南麦区单位灌溉面积上电机井数量在地域上的分布是由豫西、豫西南向豫东、豫北方向逐渐增多，除豫南部分农田港源主要依靠地表水外，其余县(市)电机井提水灌溉面积均占有效灌溉面积的 50% 以上。除灌耕比外，在水资源缺乏地区还应有保灌率的指标，如海河平原麦田基本上均为水浇地，但由于地下水位持续下降，河流全部断流，水库蓄水不足，经常不能满足小麦灌溉需要，发生干旱时许多机井只能抽出半管水甚至干涸。保灌率可用实际灌溉量与需灌量之比表示。因此，强化农田电机井建设，能够增强农业抗御旱灾的能力，为粮食稳产增产提供有力保障。

2. 实施麦田精耕细作，提高蓄水保墒能力

土壤里储存的能被植物利用的水分量，决定了作物的水分供应状况。土壤有效水分储存量少到一定程度，作物将受到干旱的危害。土壤水库能够储蓄水分的量，还与土层厚薄、土壤结构及土壤质地有关。增加耕层深度，可改善土壤结构，增强土壤蓄水能力，提高降水利用效率和作物产量。研究表明随着耕层深度增加，小麦长势渐好，小麦生育期可延长 3～7 天，小麦产量增加 16.2%～52.5%，降水利用率提高 1.43～4.65 kg/(mm·hm²)并以耕深 30 cm 效果最好。

据生产实践,耕作层深度根据土壤类型和土体构造不同而不同,一般黏土宜深,沙土或漏沙土宜浅。黏土地小麦耕层加深到 20 cm 增产效果普遍显著,继续加深到 50 cm 还能增产,若再加深增产就不显著甚至有下降趋势。深耕以伏耕或秋耕最为适宜,但要赶早不赶晚,特别是伏耕必须赶在雨季来临前,以利张口蓄住天上水,而且使土壤有充分的熟化时间。深耕张口蓄住天上降水,还必须结合耙耱,才能使蓄纳的水分少蒸发散失。深耕加大储肥空间,也引起土壤养分浓度相对降低,所以必须增施有机肥料。此外,深松也具有显著的蓄水保墒能力。深松整地打破了犁底层,改善了土壤结构,对作物根系下扎、冬前壮苗、植株分蘖、提高化肥溶解能力等十分有利。据测算,深松整地的地块每亩能增加 2t 蓄水能力,实现"一次深松管 3 年",抗旱能力增强。增施有机肥料还有利于土壤团粒结构的形成,促进微生物活动,起到以肥调水的作用。

3. 选用抗旱品种,增强抗旱能力

小麦的抗旱性是指小麦植株在干旱时依靠某些性状(特性、特征)提供经济产量的能力,而抗旱程度则是指干旱条件下降低减产率的程度,籽粒产量下降越少,抗旱性越强。小麦品种的抗旱能力是由植株自身的生理抗性和结构特征以及品种能否把其生殖周期的节奏与农业气候的因素以最好的形式配合起来,趋利避害,获得最佳产量与品质,但不同品种对缺水的耐性是不同的。抗旱鉴定指标可分为两大类,一是形态指标,如株高、根系、分蘖、叶片形态等;二是生理生化指标,如叶片保水力、呼吸作用、光合作用、叶绿素含量、可溶性物质含量、抗氧化酶活性等。小麦植株的形态特征与植株抗旱性有一定关系,胡朝阳(2005)研究认为,凡是植株高、根系较长、穗脖粗、穗子较大、穗节长、旗叶长宽比大、叶薄、色淡、密着茸毛、分蘖力强、成穗高、有芒的品种,耐旱瘠薄,适宜于旱地种植。李友军等通过试验发现,在众多抗旱形态生理指标中,用胚芽鞘长和主胚根长进行品种抗旱性鉴定和筛选具有较高应用价值。

4. 推广非充分灌溉节水技术,提高水分利用率

由于水资源的匮乏,推广应用节水灌溉技术已成为小麦抗旱中重要的技术措施。非充分灌溉在最大限度节约作物生长期灌水量的前提下,寻求作物全生长期的最佳灌水次数、灌水时间、灌水定额,使农作物产量最大,提高生产效率、效益。现阶段,非充分灌溉比较容易操作的模式有灌关键水和调亏灌溉。调亏灌溉针对作物的生理特点,通过灌溉和农艺措施融合,有效调节土壤水分,可以不减少或增加产量。姜文来和贾大林(2001)试验表明,旱区冬小麦浇 3 水(灌溉定额 1 905m/hm^2),单产为 3 846 kg/hm^2,而浇 5 水(灌溉定额 3 300 m^2/hm^2),

单产为 4 086 kg/hm^2，节水灌溉后产量仅降低 5.9%，但水分利用效率提高 0.2～0.3 kg/m^3。孟兆江等（2014）指出，适时适度的水分调亏可降低植株蒸腾速率，抑制植株"奢侈蒸腾"现象，显著减少水分散失，在拔节期及其以前水分调亏最有利于提高水分利用效率，适宜的水分调亏度为田间持水量的 50%～55%。如果调亏灌溉和密植相结合，调整作物的群体结构，则增产效果更好。如果将调亏灌溉对作物品质的改善等因素考虑进去，以高产、优质、节水作为最终的追求目标，这种调控效益会表现得更加明显。

二、应变技术

1. 镇压

镇压是一项有多种作用的传统栽培技术，具有踏实土壤、抗旱提墒、抑制旺长、防止冻害等作用。通常情况下，黄淮平原麦田以播种前后与春季镇压为主。一般底墒充足、整地质量较好的田块，播种后经过镇压抗旱性显著。而整地过松，播种后镇压不到位，加之播种过浅、播种量过大、播种过早等情况导致麦苗越冬时受到旱、冻的危害。张胜爱等（2013）发现，播种后镇压的小麦基本苗、冬前总茎数和春季最高总茎数分别比墒播种不镇压增加 12 万/hm^2、52.5 万/公顷和 97.5 万/公顷，冬前单株次生根多 0.6 条，产量增加 6%。刘万代等（1999）认为，镇压影响分蘖发生，分蘖增减与温度变化有关，镇压后通低温则影响分蘖的发生。早期镇压提高分蘖数，增加中大蘖，单株成穗数较多。单棱期镇压效果最好，产量增加显著。因此，播种后镇压相当于浇了一次底墒水，具有很好的节水增产效果。据测定，在小麦返青期抢墒播种后镇压和播前灌溉处理 0～10 cm 土层湿度均高于对照，尤其是 5 cm 处的温度相差 1 ℃左右，有利于小麦根系发育，为小麦生长成壮苗、促进蘖成穗奠定了基础。近年来，旋耕面积扩大，土壤疏松导致冬季黄苗死苗现象严重。镇压有压实土壤、压碎土块、平整地面的作用，使种子与土壤紧密接触，根系及时长出与伸长。下扎到深层土壤中，提高麦苗的抗旱能力，麦苗整齐健壮。通常情况下选用机械镇压装置，一般可以选用镇压器，也可以采用拖拉机牵引铁磙、石磙等镇玉器具进行镇压，或直接用拖拉机进行镇压。没有大牲畜的山区坡地，人工踩压也可起到镇压的效果，但必须连续踩压 2～3 次。另外，镇压措施也具有抗旱提墒控旺长作用，一般应选择在小麦返青长出新叶片后的晴天上午 11 时至下午 4 时进行，以免损伤新生叶片，小麦开始拔节后不可再采取镇压措施。

2. 中耕

中耕是指在作物生育期间所进行的土壤耕作，如锄地、耕地、铲地、趟地等。①中耕时间。小麦封垄前，用小锄头中耕除草，疏松土壤，切断土壤毛细管，防止水分蒸发，蓄水保墒，防止地表干裂，促进麦苗健壮生长。开春以后，随着温度升高，土壤蒸发量加大，且"春雨贵如油"，降水量存在着不确定因素。因此，为了预防春季干旱，中耕锄划是一项有效的保墒增温促早发措施，尤其是对群体偏小、个体偏弱的麦田，要把锄划作为早春麦田管理的首要措施来抓。在灌水或降水后，用锄头在土壤表面松出 10 cm 左右厚的"暗土"，抑制土壤水分蒸腾进行保墒，促进根系发育，增强抗旱能力。小麦在拔节期适时进行中耕除草，同时也可亩追施尿素 10～15 kg、过磷酸钙 15～25 kg、硫酸钾 5～10 kg，增强小麦抗逆能力，并能保花增粒，促进增产。②中耕深度。中耕的深度应根据根系生长情况而定。在幼苗期，苗小、根系浅，中耕过深容易伤苗、埋苗；苗逐渐长大后，根向深处伸展，但还没有向四周延伸，因此，这时应进行深中耕，以铲断少量的根系，刺激大部分根系的生长发育；当根系横向延伸后，再深中耕，就会伤根过多，影响生长发育，特别是天气干旱时，易使植株凋萎，中耕宜浅不宜深。

3. 做好预测预报，实施人工增雨作业

人工增雨的原理源于对云、云中微物理过程和雨滴形成过程的科学分析和实验研究。人工增雨的理论明确地告诉人们，某一地域实施人工增雨能否奏效的先决条件是当地空中水含量是否充沛，是否有足够的过冷云水，自然球晶是否缺乏，对河南省空中水汽的来源、输送路经、辐合、辐散的综合研究表明，河南空中水汽的输送路径有西南、南海和东海至少三条路径，这说明河南空中水汽来源丰沛。这从宏观上证明河南省空中水资源丰富，尚有近一半的云水可进步开发利用，且以中部以北增雨潜力最大。人工增雨建立在打破自然云有时存在的微物理状态不稳定的基础上，是一种"以巧破千斤"的策略，可充分发挥"空中水库"蓄水作用，精心设计，按需增雨，以达到抗旱减灾目的。2010 年小麦播种后，黄淮麦区长时间持续干旱，河南省依据天气预报实施人工增雨，从 2 月 25—27 日，全省出现一次大面积降水过程，平均降水量超过 15 mm，部分地区超过 30 mm，有效缓解了土壤旱情，为大旱之年小麦再获丰收起到了重要作用。

第四节　涝　　害

黄淮海冬麦区的涝害以沿淮平原的低注地常发和较重，其他地区只在降水过多或灌溉过量时在较短时间内局部发生。麦田涝害的形成，根本原因是耕作层土壤水分含量过多，根系长期缺氧。因此，防治的中心是降低耕作层土壤含水量，增强土壤透气性，一切有利于排除地面水、降低地下水、减少潜层水、促使土壤水气协调的方法都是防治小麦渍害的有效措施。

一、确定技术

(一)搞好农田排水设施建设

1. 田间建好排水系统

要在较短时间内排除麦田内过多的地面水、潜层水、地下水，必须在田间建起排泄流畅的排水系统。雨季前修好排水沟是易涝地区非常重要的防涝(渍)措施。近年来我国对黄淮地区农田水利建设投入力度较大，各地应抓住机遇，根据自身特点，因地制宜，统一规划，因势利导，既要建成能排除田间积水的干、支、斗渠，又要健全河网系统工程。通过综合治理，达到"内河水位能控制得住，田间水挡得住，田内水排得快"的目标。

2. 田内开好排水沟

在黄淮麦区，"三沟"(边沟、腰沟、横沟)也被称为厢沟、腰沟、围沟，要求沟沟相通，雨水过多时田间积水能顺利排出，防止渍(涝)害发生。在田间排水系统健全的基础上，整地播种阶段要做好田内"三沟"的开挖工作，做到深沟高厢，"三沟"相连配套，沟渠相通，利于排除"三水"(内河水、田间水和田内水)。起沟的方式要因地制宜，本着"厢沟浅、围沟深"的原则，地下水位高的麦田"三沟"深度要相应增加。因此，为了提高播种质量保证全苗，一般先起沟后播种，播种后及时清沟；如果播种后起沟，沟土要及时撒开，以防覆土过厚影响出苗。

(二)选用抗涝(湿)害的小麦品种

不同小麦品种的耐湿性不同，因此，通过选育耐湿性小麦品种，可以有效地防止小麦涝害造成的小麦减产。目前，在我国南方多雨、渍害较重的麦区已经选育出了一些耐湿性较好的小麦品种，在小麦生产上发挥了一定的作用，减轻了湿害的危害。

试验研究表明，小麦品种间耐湿性差异较大，有些品种在土壤水分过多、氧气不足时，根系仍能正常生长，表现出对缺氧有较强的忍耐能力或对氧气需求量较少；有些品种在老根缺氧衰亡时，容易萌发较多的新根，且能很快恢复正常生长；还有些品种根系长期处于还原物质的毒害之下仍有较强的活力，表现出较强的耐湿性。因此，生产上选用耐湿性较强的品种，原则上选用被省或国家审定、适于不同地域种植的小麦品种，增强小麦本身的抗湿性能，是防御涝(湿)害的有效措施。

(三)改进耕作栽培措施，改良土壤

1. 熟化土壤

前茬作物应以早熟品种为主，收割后要及时翻耕晒垡，切断土壤毛细管，阻止地下水向上输送，增加土壤透气性，为微生物繁殖生长创造良好的环境，促进土壤熟化。有条件的地方夏作物可实行水旱轮作，如水稻与小麦，养地作物与小麦的轮作等，达到改土培肥、改善土壤环境的目的，减轻或消除渍害。

2. 避免免耕，适度深耕

防止多年连续免耕，适当深耕，破除坚实的犁底层，促进耕作层水分下渗，降低潜层水，加厚活土层，扩大作物根系的生长范围。深耕应掌握熟土在上、生土在下、不乱土层的原则，做到逐年加深，一般使耕作层深度在 23～33 cm。严防乱耕滥耙，破坏土壤结构，并且与施肥、排水、精耕细作、平整土地相结合，有利于提高小麦播种质量。

3. 增施有机肥和磷钾肥

坚持有机肥和无机肥配合施用，一般在深翻时结合分层施肥，施有机肥 22 500 kg/hm²，磷肥 225 kg/hm²，上层施细肥，下层施粗肥。对湿害较重的麦田，做到早施巧施接力肥，重施拔节孕穗肥，以肥促苗升级。冬季多增施热性有机肥，如渣草肥、猪粪、牛粪、草木灰、沟杂马、人粪尿等。化肥多施磷钾肥，利于根系发育、壮秆，减少受害。姜灿烂等(2010)的长期定位试验表明，增施有机肥降低土壤容重并提高其孔隙度，土壤中大于 5 mm 机械稳定性大团聚体增幅达 2%～42%，不仅有利于土壤大团聚体的形成，还有利于改善土壤团聚体结构及其稳定性。土壤容重降低和土壤粗孔隙增加有助于改善土壤通透性，加快雨水渗透速度，协调土壤水气状况，促进小麦根系深扎，能有效防止小麦涝害。

二、应变技术

1. 排水沟疏通排渍

在播种期"三沟"到位基础上，遇降雨或农事操作后要及时清理田沟，保证沟内无积泥积水，沟沟相通，明水(地面水)能排，暗渍(潜层水、地下水)自落。加强应急疏通和排水沟的加宽加深管理，及时清除排洪障碍，积水严重时还要使用水泵抽出。保持适宜的墒情，使土壤含水量在 20%～22%，同时能有效降低田间大气的相对湿度，减轻病害发生，促进小麦正常生长。

2. 中耕及补肥

沿淮稻茬麦田土质黏重板结，地下水容易向上移动，田间湿度大，苗期容易

形成僵苗涝害。降雨后，在排除田间明水的基础上，尤其是对遭受渍涝与湿害的麦田应及时中耕松土，切断土壤毛细管，阻止地下水向上渗透，改善土壤透气性，促进土壤风化和微生物活动，调节土壤墒情，减轻根系受损程度。稻麦两熟区应坚持水旱轮作，小麦季适度深耕和勤中耕，减少前作水稻土壤浸水时间长、土壤黏重、排水困难、透气性差等湿害易发不利因素。

若播种后雨水过多，或田块低洼积水，会使小麦根系受到伤害，僵苗迟长，叶色变为暗红色。稻茬麦田间湿度大，可直接撒施肥料，以追施氮磷钾复合肥或尿素最好。从补救效果看，涝害发生时期越早，追施肥料对遭受涝害小麦产量的补救效果越好，拔节期涝害的恢复指数可达 $70\%\sim80\%$。

3. 喷施生长调节物质，保护叶片防病

小麦在涝害逆境下，体内正常激素平衡发生改变，乙烯和脱落酸增加，地上部衰老加速。适当喷施生长调节物质，或微量元素及磷酸二氢钾等，以延缓衰老进程，同时还预防了小麦白粉病、纹枯病、锈病和赤霉病等，有效减轻湿害。谢祝捷等(2004)研究表明，6-BA 处理能减缓渍水条件下小麦旗叶叶绿素含量和净光合速率的快速下降，促进水分逆境下小麦籽粒蛋白质、淀粉的积累，延缓小麦植株衰老。董登峰等(1999)研究表明，渍水逆境下喷施矮壮素能增加孕穗期小麦叶绿素含量，缓解 SOD 和 CAT 活性及根系活力的降低，减少 MDA 积累，增强POD 活性，增加主茎绿叶数和次生根数，增大根冠比。与渍水对照相比单株产量增加 12.75%，达极显著水平。李晓玲和骆炳山(2000)指出，油菜素内酯还能增加孕穗期小麦的伤流量、主茎绿叶数、叶绿素含量和可溶性蛋白含量，提高小麦的光合速率，增加光合产物，延长叶片的功能期。

第五节　冰　　雹

一、冰雹对小麦的危害

冰雹，俗称冷子，产生在空气强烈对流作用下而形成的积雨云云体中。降落到地面的冰雹是大小不等的球体形的冰团，一般为豆粒大小，大的如鸡蛋，有时还夹有拳头大的冰块。由于在降雹时常伴有狂风暴雨，因此，对小麦的破坏作用很大，轻的叶片破碎，茎秆折断，重者麦秆如刀割，往往在短短的十几分钟到半个小时，可把丰收在望的小麦毁于一旦。

冰雹对小麦的危害主要表现在以下三方面：一是砸断伤害。因为冰雹从几千

米的高空砸下来，有较大的重力作用，轻者造成落粒伤叶，重者砸断茎叶。二是冻伤，由于雹块积压麦田，造成麦田冻伤。三是地面板结。由于冰雹的重力打击，造成地面严重板结，土壤不透气，产生间接危害。此外，伴随冰雹同时出现的狂风暴雨，对小麦穗部产生冲撞作用，使小麦落粒加重。

二、雹灾的防御措施

由于雹灾不仅对小麦及其他农作物有破坏作用，而且对房屋、树林和人民生命财产也带来危害，因此，对防御雹灾要引起极大重视。

目前国内外人工防雹的方法基本上有两种：一是撒播催化剂；二是爆炸方法。

(1)撒播催化剂法。采用撒播促进冰晶的催化剂，使云中过冷却的水滴冰晶化，人为增加雹云中冰雹胚胎数目，"分食"过冷却水，使冰雹数目增加而体积减小，以便在下落中融化为雨。常用的催化剂有：碘化铅、硫化铜、尿素、干冰等，可用飞机将催化剂撒播到云中。

(2)爆炸法。通过爆炸的声波影响或破坏气流和云体结构。爆炸的工具有土炮、土火箭、高炸炮、高射炮等。用上述工具向云中撒播大剂量具有不同直径的微粒，如泥土、水泥、盐粉和防雹花弹等。这些微粒撒播后，有的起到凝结核的作用，争夺云中水分，有的较大粒子在下降运动中，后部产生尾流，扰乱对流云，起到消除冰雹的作用。在使用方面，许多地方的经验是：火力点要设置在常年雹灾重、雹线长、危及麦田较多的地区，以及在产生雹云的主峰和雹云必经的山口，炮要安置在地势高、视野开阔的地方，以便观察，层层阻截。轰击部位要打云头、打云腰、打接云、打闪电处。

三、雹灾后的补救措施

小麦受雹灾危害的程度，因所处生育时期而有差异，一般苗期轻，后期重，特别是抽穗、开花以后就更重。开花前受灾，不必耕翻，都能重新长蘖成穗，获得一定的产量。一般在4～6 d内潜伏的分蘖芽即可萌发，10～20 d新生蘖大量出土，15 d后新蘖迅速生长，黄枯的麦田变绿，20～24 d开始孕穗，30 d大量抽穗，50 d可成熟。因此，小麦在遭受雹灾后，要及时加强追肥、浇水、中耕等田间管理，促进恢复生长，就能做到受灾少减产。再者，如雹灾后麦田还残留一部分原来的穗子，而大部分是重新分蘖成穗，成熟期很不一致，需要分次收获。

第六节　穗　发　芽

小麦穗发芽是指小麦从成熟期到收获前一段时间，遭遇阴雨或潮湿环境，籽粒在穗上萌动发芽的现象。穗发芽在世界范围内均有发生，尤其是收获季节易降雨的地区，如北欧和西欧沿海地区、加拿大的萨斯喀彻温、安大略和曼尼托巴地区，美国的华盛顿、沃勒冈、密歇根和纽约，澳大利亚的东部小麦带，都是穗发芽威胁特别严重的地区。在我国，长江中下游、西南冬麦区和东北春麦区是穗发芽危害频繁和严重的地区，黄淮和北部冬麦区也偶有发生。

一、穗发芽危害

穗发芽是小麦籽粒内部一系列的生理生化反应的结果。在充足的水分环境下，α-淀粉酶等水解酶类的活性升高，导致胚和胚乳中蛋白质、淀粉等储藏物质降解，进而造成产量、出粉率、沉降值等下降，影响小麦的加工品质和利用价值，对小麦生产造成巨大的经济损失。有些小麦在成熟时虽然外观上没有发芽的迹象，但籽粒内部 α-淀粉酶活性很高，仓库储存时易发生发芽或霉变等现象，播种时种子的萌芽率明显偏低。

二、穗发芽成因分析

引起小麦穗发芽的原因有两方面：一是外部环境因素，二是小麦自身的生理生化特性。

（一）外部环境

外部环境对小麦穗发芽造成影响的因素主要有水分、温度、光照等。

1. 水分

水分是导致穗发芽的直接外因。种子的含水量和吸水速率是小麦穗发芽的重要决定因素之一。小麦通过吸水膨胀作用，种皮被软化，通透性增强，并且由于α-淀粉酶活性增强，储藏物质被分解成可溶性物质，为小麦穗发芽提供了营养条件。

2. 温度

温度是穗发芽的主要调节因子。籽粒收获后的发芽能力会受到发育期间和萌芽期间大气温度的影响。一般籽粒发育期间的低温（≤10 ℃）或者萌发期间的高温（≥26 ℃）有助于休眠；反之则会打破休眠，促进萌芽。

3. 光照

光照变化影响种皮的厚度和颜色。在籽粒干燥过程中，酚类物质发生氧化作用形成深色物质，造成种皮颜色变化的同时也降低了种皮的渗透性，而种皮的硬度与种子的干燥程度有关，种子越干燥，种皮硬度越高，反之越低。光照还可以影响种子的激素水平与敏感性。

(二)小麦自身的生理生化特性

小麦籽粒在穗子上发芽需要经历一个复杂的过程，不仅受到外部环境的影响，小麦自身的生理生化特性也会对穗发芽产生重要影响。其中包括小麦种子的休眠性、α-淀粉酶活性及其抑制剂，GA 和 ABA 等内源激素，穗部形态及籽粒特征等。

1. 种子休眠性

种子休眠是植物为了适应环境和生存延续的一种方式，是长期自然选择和人工选择的结果。休眠期的长短与籽粒的穗发芽强弱呈显著正相关。休眠期长的品种籽粒穗发芽抗性强，休眠期短或者无休眠的品种穗发芽抗性弱，易发生收获前穗发芽现象。休眠主要分为两种类型：种皮引起的休眠和胚休眠。

种皮引起的休眠主要是通过种皮细胞抑制胚的生长，同时阻止水分吸收、气体交换进而引起小麦籽粒表现为休眠性，或者通过种皮向胚内分析萌芽抑制物质等阻止籽粒萌发，诱导休眠。胚休眠是指由于胚本身需要后熟过程，或者种子内存在发芽抑制物，种子成熟后，籽粒进入休眠状态而不直接萌芽的现象。胚的后熟可分为形态后熟与生理后熟。胚引起的休眠机理可能与籽粒内源激素平衡和特异基因的表达有关。

2. α-淀粉酶活性及其抑制剂

淀粉是小麦籽粒中最主要的储藏物质。内源 α-淀粉酶的活性对小麦穗发芽的影响巨大。α-淀粉酶活性低的品种穗发芽抗性强，活性高的品种则抗性弱。因此，抑制内源 α-淀粉酶的活性是解决小麦穗发芽的关键，α-淀粉酶活性可以作为穗发芽鉴定的重要指标。

3. GA 和 ABA 等内源激素

种子休眠和萌发与植物激素有明显关系，其中 GA 与 ABA 是调节籽粒休眠与萌芽的主要内源激素。GA 与 ABA 对籽粒休眠与萌芽的调节作用相反，GA 通过促进胚乳中储藏物代谢，打破种子休眠，诱发萌芽；而 ABA 则能抑制 α-淀粉酶的活性，进而抑制胚乳中储藏物质代谢，诱导休眠。

4. 穗部形态及籽粒特征

小麦穗部形态与籽粒特征影响种子吸水性，进而影响小麦收获前穗发芽。在小麦等禾谷作物中，穗子本身的大小、弯曲程度、蜡质状态、有无绒毛、小花开放状态、芒的有无、颖壳的坚韧度、形状、包裹籽粒紧实度等因素对小麦穗发芽均有不同程度的影响。

三、防治方法

小麦穗发芽由于受多种因素调控，防治难度较大，可以从品种选用、适时播种、肥水调控、降渍除涝、应用化学调控制剂等方面着手防治。

1. 选用抗穗发芽品种

选用抗穗发芽或早熟、适应当地种植的小麦品种。一般来说，红皮小麦品种比白皮小麦品种种子休眠时间长，穗发芽抗性更好。根据成都盆地气候和生态特性，建议选用高产优质红粒小麦品种川麦 60、川麦 104 等。

2. 适时播种，及时收获

根据当地梅雨季节到来时间，适当早播，尽量赶在连阴梅雨天气到来前收获。或者适期迟播，连阴雨天气到来时，小麦成熟度较低，使小麦成熟期尽量躲过当地的雨季，减少种子穗发芽的发生。

3. 合理肥水调控

栽播期间合理调控肥水，防止肥料施用过迟、过多，造成小麦贪青迟熟。

4. 降渍除涝

在栽培管理上，凡一切降渍防倒的措施均有利于减少田间穗发芽的发生。建好田间配套沟系，确保灌排畅通，以降低田间湿度，减少穗发芽发生条件。

5. 应用化学调控制剂

在目前白皮小麦抗穗发芽能力普遍偏弱的情况下，采用化学防治也是防止穗发芽的一种较为简便而有效的手段。应用较多的是多效唑和穗萌抑制剂，在小麦花后一定时期内喷施，可以控制穗发芽。

第六章 小麦主要病害及其防治技术

第一节 小麦纹枯病

一、危害症状

小麦纹枯病(图6-1)主要发生在小麦的叶鞘和茎秆上。小麦拔节后,症状逐渐明显。发病初期,在地表或近地表的叶鞘上产生黄褐色椭圆形或梭形病斑,以后,病部逐渐扩大,颜色变深,并向内侧发展危害基部,重病株基部。二节变黑甚至腐烂,常早期死亡。小麦生长中期至后期,叶鞘上的病斑呈云纹状花纹。病斑无规则,严重时包围全叶鞘,使叶鞘及叶片早枯。在田间湿度大、通气性不好的条件下,病鞘与茎秆之间或病斑表面,常产生白色霉状物。在上面,初期散生土黄色或黄褐色的霉状小团,单孢子单细胞,椭圆形或长椭圆形,基部稍尖,无色。

图6-1 小麦纹枯病

二、发病条件

病菌以菌丝或菌核在土壤和病残体上越冬或越夏。播种后开始侵染危害。在田间发病过程可分 5 个阶段，即冬前发病期、越冬期、横向扩展期、严重度增长期及枯白穗发生期。

冬前发病期：小麦中发芽后，接触土壤的叶鞘被纹枯菌侵染，症状发生在土表处或略高于土面处，严重时病株率可在 50% 左右。

越冬期：外层病叶枯死后，病株率和病情指数降低，部分季前病株带菌越冬，并成为翌春早期发病重要侵染源。

横向扩展期：指春季 2 月中下旬至 4 月上旬，气温升高，病菌在麦株间传播扩展，病株率迅速增加，此时病情指数多为 1 或 2。

严重度增长期：4 月上旬至 5 月上中旬，随植株基部节间伸长与病原菌扩展，侵染茎秆，病情指数猛增，这时茎秆和节腔里病斑迅速扩大，分蘖枯死，病情指数升级。

枯白穗发生期：5 月上中旬以后，发病高度、病叶鞘位及受害基数都趋于稳定，但发病重的因输导组织受害迅速失水枯死，田间出现枯孕穗和枯白穗。发病适温 20 ℃左右。凡冬季偏暖，早春气温回升快，阴雨多，光照不足的年份发病重；反之则轻。冬小麦播种过早，秋苗期病菌侵染机会多，病害越冬基数高，返青后病势扩展快，发病重。适当晚播则发病轻。重化肥轻有机肥，重氮肥轻磷钾肥发病重。高沙土地纹枯病重于黏土地，黏土地重于盐碱地。

三、防治方法

应采取农业措施与化防相结合的综防措施，才能有效地控制其危害。

（1）选用抗病、耐病品种。

（2）合理施肥。施用酵素菌沤制的堆肥或增施有机肥，采用配方施肥技术配合施用氮、磷、钾肥。不要偏施氮肥，可改良土壤理化性状和小麦根际微生物生态环境，促进根系发育，增强抗病力。

（3）适期播种。避免早播，适当降低播种量。及时清除田间杂草。雨后及时排水。

（4）药剂防治。

①播种前药剂拌种用种子重量 0.29% 的 33% 纹霉净（三唑酮加多菌灵）可湿性粉剂或用种子重量 0.03%～0.04% 的 15% 三唑醇（羟锈宁）粉剂，或 0.03% 的 15% 三唑酮（粉锈宁）可湿性粉剂或 0.012 5% 的 12.5% 烯唑醇（速保利）可湿性粉剂拌种。播种时土壤相对含水量较低则易发生药害，如每 10 kg 种子加 1.5 mg 赤霉素，就可克服上述杀菌剂的药害。

②翌年春季冬、春小麦拔节期，每亩用 5％井冈霉素水剂 7.5 g，对水 60 kg；或 15％三唑醇粉剂 8 g，对水 60 kg；或 20％三唑酮乳油 8～10 g，对水 60 kg；或 12.5％烯唑醇可湿性粉剂 12.3 g，对水 100 kg；或 50％利克菌 200 g，对水 100 kg，喷雾，防效比单独拌种的提高 10％～30％，增产 2％～10％。此外还可选用 33％纹霉净可湿性粉剂或 50％甲基立枯灵（利克菌）可湿粉 400 倍液。

(5)生物防治。提倡施用南京农业大学研制的 B.3 菌粉拌种，防效可在 60％以上，促进小麦种子发芽，增产 13.7％。

(6)其他防治。于小麦拔节孕穗期叶面喷洒"力克麦得"每亩用药量 15 mL，对水 15～25 kg，防治纹枯病，兼防小麦白粉病和锈病。

第二节　小麦白粉病

一、危害部位

该病(图 6-2)可侵害小麦植株地上部各器官，但以叶片和叶鞘为主，发病重时颖壳和芒也可受害。

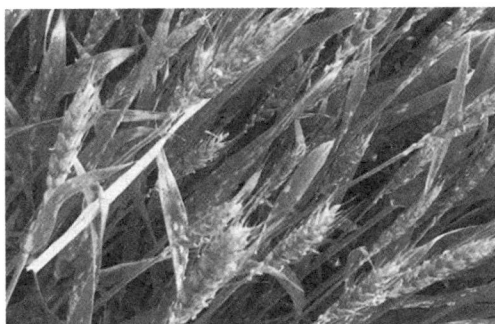

图 6-2　小麦白粉病

二、阶段特征

初发病时，叶面出现 1～2 mm 的白色霉点，后逐渐扩大为近圆形至椭圆形白色霉斑，霉斑表面有一层白粉，遇有外力或振动立即飞散。这些粉状物就是该菌的菌丝体和分生孢子。后期病部霉层变为灰白色至浅褐色，病斑上散生有针头大小的小黑粒点，即病原菌的闭囊壳。

三、病原特征

禾本科布氏白粉菌小麦专化型，属子囊菌亚门真菌。菌丝体表寄生，蔓延于寄主表面，在寄主表皮细胞内形成吸器吸收寄主营养。在与菌丝垂直的分生孢子梗端，串生 10～20 个分生孢子，椭圆形，单胞无色，大小 $(25～30)\mu m \times (8～10)\mu m$，侵染力持续 3～4 d。病部产生的小黑点，即病原菌的团囊壳，黑色球形，大小 163～219μm，外有发育不全的丝状附属丝 18～52 根，内含子囊 9～30 个。子囊长圆形或卵形，内含子囊孢子 8 个，有时 4 个。子囊孢子圆形至椭圆形，单胞无色，单枝。大小 $(18.8～23)\mu m \times (11.3～13.8)\mu m$。子囊壳一般在大小麦生长后期形成，成熟后在适宜温湿度条件下开裂，放射出子囊孢子。该菌不能侵染大麦，大麦白粉菌也不侵染小麦。小麦白粉菌在不同地理生态环境中与寄主长期相互作用下，能形成不同的生理小种，毒性变异很快。

四、传播途径

病菌靠分生孢子或子囊孢子借气流传播到感病小麦叶片上，遇有温湿度条件适宜，病菌萌发长出芽管，芽管前端膨大形成附着胞和侵入丝，穿透叶片角质层，侵入表皮细胞，形成初生吸器脱落，随气流传播蔓延，进行多次再侵染。病菌在发育后期进行有性繁殖，在菌丛上形成闭囊壳。

该病菌可以分生孢子阶段在夏季气温较低地区的自生麦苗或夏播小麦上侵染繁殖或以潜育状态度过夏季，也可通过病残体上的闭囊壳在干燥和低温条件下越夏。病菌越冬方式有两种：一是以分生孢子形态越冬，二是以菌丝体潜伏在寄主组织内越冬。越冬病菌先侵染底部叶片呈水平方向扩展，后向中上部叶片发展，发病早期发病中心明显。

五、发病条件

1. 病原

冬麦区春季发病菌源主要来自当地。春麦区，除来自当地菌源外，还来自邻近发病早的地区。

2. 气候

该病发生适温为 15～20 ℃，低于 10 ℃发病缓慢。相对湿度大于 70% 有可能造成病害流行。少雨地区当年雨多则病重，多雨地区如果雨日、雨量过多，病害反而减缓，因连续降雨冲刷掉表面分生孢子。

3. 管理

施氮过多，造成植株贪青、发病重。管理不当、水肥不足、土地干旱、植株生长衰弱、抗病力低，也易发生该病，此外，密度大发病重。

六、防治方法

(1)种植抗病品种。

(2)提倡施用酵素菌沤制的堆肥或腐熟有机肥，采用配方施肥技术，适当增施磷钾肥，根据品种特性和地力合理密植。中国南方麦区雨后及时排水，防止湿气滞留。中国北方麦区适时浇水，使寄主增强抗病力。

(3)自生麦苗越夏地区，冬小麦秋播前要及时清除掉自生麦，这可大大减少秋苗菌源。

(4)药剂防治。

①用种子重量 0.03%(有效成分)25% 三唑酮(粉锈宁)可湿性粉剂拌种，也可用 15% 三唑酮可湿性粉剂 20～25 g 拌 667 m² 麦种防治白粉病，兼治黑穗病、条锈病、根腐病等。

②在小麦抗病品种少或病菌小种变异大、抗性丧失快的地区，当小麦白粉病病情指数达到 1 或病叶率在 10% 以上时，开始喷洒 20% 三唑酮乳油 1 000 倍液或 40% 福星乳油 800 倍液，也可根据田间情况采用杀虫杀菌剂混配做到关键期一次用药，兼治小麦白粉病、锈病等主要病虫害。小麦生长中后期，条锈病、白粉病、穗蚜混发时，每亩用粉锈宁有效成分 7 g 加抗蚜威有效成分 3 g 加磷酸二氢钾 150 g；条锈病、白粉病、吸浆虫、黏虫混发区或田块，每亩用粉锈宁有效成分 7 g 加氯氢菊酯，吡虫啉 2 000 倍液加磷酸二氢钾 150 g。赤霉病、白粉病、穗蚜混发区，每亩用多菌灵有效成分 40 g 加粉锈宁有效成分 7 g 加抗蚜威有效成分 3 g 加磷酸二氢钾 150 g。

第三节　小麦锈病

一、危害症状

小麦锈病(图 6-3)俗称黄疸病，包括条锈病、叶锈病和秆锈病三种。我国凡是有小麦种植的区域，都有一种或两三种锈病发生，广泛分布于我国各小麦产区。其中条锈病主要分布在华北、西北、淮北等北方冬麦区和西南的四川、重庆、云南等省（直辖市）；叶锈病主要分布在东北、华北、西北、西南小麦产区；秆锈病主要分布在华东沿海、长江流域中下游和南方冬麦区及东北、西北，尤其是内蒙古等地的春麦区，以及云南、贵州、四川西南的高山麦区。

图 6-3　小麦锈病

小麦锈病的为害特点是发展快、传播远，能在短时间内造成大面积流行。尤其小麦条锈病，是典型的远距离传播流行性病害，在菌源充足和条件适宜时，从出现发病中心到大面积流行，时间很短，极易造成严重损失。同时，小麦叶锈病和秆锈病也能给小麦造成很大为害。如果三种锈病混合发生，则为害程度加重。

二、病原特征

三种锈病症状的共同特点是在受害叶片、茎秆或叶鞘上形成鲜黄色、橘红色、红褐色或深褐色的夏孢子堆。三种锈病的夏孢子堆在小麦叶片、茎秆或叶鞘上的排列方式各有特点，通常概括为"条锈成行叶锈乱，秆锈是个大红斑"，这也是区分三种锈病的典型识别特征。

小麦条锈病主要为害叶片，也为害叶鞘、茎秆、穗部。从侵染点向四周扩展形成单个的夏孢子堆，多个夏孢子堆在叶片上成行排列，与叶脉平行，呈虚线状。夏孢子堆鲜黄色，长椭圆形，孢子堆破裂后散出粉状孢子。叶锈病主要为害叶片，夏孢子堆在叶片上散生，无规则排列，橘红色，圆形至椭圆形。秆锈病主要为害茎秆和叶鞘，夏孢子堆排列散乱无规则，深褐色，孢子堆大，长椭圆形，并且夏孢子堆穿透叶片的能力较强。

三种锈病发病后期都会在小麦病部表皮下形成黑色冬孢子堆。条锈病和叶锈病的冬孢子堆呈短线状，扁平，常数个融合，埋伏在表皮内，成熟时不开裂，可区别于小麦秆锈病。

三、发生规律

小麦条锈病病菌越冬的低温界限为最冷月份月均温－7～－6 ℃，如有积雪覆盖，即使低于－10 ℃仍能安全越冬。华北以石德线到山西介休、陕西黄陵一线为界，以北虽能越冬但越冬率很低，以南每年均能越冬且越冬率较高。黄河以南不仅能安全越冬且越冬叶位较高。再南到四川盆地、鄂北、豫南一带，冬季温暖，小麦叶片不停止生长，加上湿度较大，条锈病病菌持续逐代侵染，已不存在越冬问题。

条锈病病菌以夏孢子在小麦为主的麦类作物上逐代侵染而完成周年循环。夏孢子在寄主叶片上，在适合的温度(14～17 ℃)和有水滴或水膜的条件下侵染小麦。三种锈病病菌的夏孢子在萌发和侵染上的共同点是都需要液态水，侵入率和侵入速度取决于露时和露温，露时越长，侵入率越高；露温越低，侵入所需露时越长。在侵染上的不同点主要是三者要求的温度不同，条锈病病菌最低，叶锈病病菌居中，秆锈病病菌最高。

条锈病病菌在小麦叶，片组织内生长，潜育期长短因环境不同而异。当有效积温达到150～160 ℃时，便在叶面上产生夏孢子堆。每个夏孢子堆可持续产生夏孢子若干天，夏孢子繁殖很快。这些夏孢子可随风传播，甚至可被强大的气流带到 1 500～4 300 m 的高空，吹送到几百甚至上千千米以外的地方而不失活性，进行再侵染。因此，条锈病病菌借助风力吹送，在高海拔冷凉地区晚熟春麦和晚熟冬麦自生麦苗上越夏，在低海拔温暖地区的冬麦上越冬，完成周年循环。

条锈病病菌在高海拔地区越夏的菌源及其邻近的早播秋苗菌源，借助秋季风力传播到冬麦地区进行为害。在陇东、陇南一带 10 月初就可见到病叶，黄河以北平原地区 10 月下旬以后可以见到病叶，淮北、豫南一带在 11 月以后可以见到病叶。在我国黄河、秦岭以南较温暖的地区，小麦条锈病病菌不须越冬，从秋季一直到小麦收获前，可以不断侵染和繁殖为害。但在黄河、秦岭以北冬季小麦生长停止地区，病菌在最冷月日均气温不低于－6 ℃，或有积雪气温不低于－10 ℃的地方，主要以潜育菌丝的状态在未冻死的麦叶组织内越冬，待翌年春季温度适合生长时，再繁殖扩大为害。

小麦条锈病在秋季或春季发病的轻重主要与夏秋季和春季雨水的多少、越夏越冬的菌源量和感病品种的面积大小关系密切。一般来说，秋冬、春夏交替时雨水多，感病品种面积大，菌源量大，条锈病就发生重，反之则轻。

四、防治措施

小麦锈病的防治应贯彻"预防为主，综合防治"的植物保护工作方针，在抓好严密监测、综合防治的基础上，重点抓好发病初期的化学农药应急防治。对小麦条锈病，在重点发病区域要坚持"准确监测，带药侦察，发现一点，控制一片"的策略，及时控制发病中心。在大田防治时要做到点片防治与普遍防治相结合，群防群治与统防统治相结合，控制病情蔓延，确保防治效果。

1. 农业防治

(1)选用抗病品种，做到抗源布局合理及品种定期轮换。在小麦锈病的越夏区和冬繁区分别种植不同抗原类型的小麦品种，可切断锈菌的周年循环，减少锈菌优势小种形成的机会，减缓小麦品种抗锈基因失效的速度；同一地区应实行抗源多样化。在应用抗病品种时，注意抗锈品种合理布局。利用抗病品种群体抗性多样化或异质性来控制锈菌群体组成的变化和优势小种形成。避免品种单一化，并定期轮换，防止抗性丧失。

(2)切断菌源传播路线。适期晚播，减轻秋苗发病，减少秋季菌源。越夏区要及时铲除自生麦苗，以减少越夏菌源的积累与传播。

(3)加强栽培管理。采用宽窄行种植模式播种(宽行 20 cm、窄行 13 cm)，改善田间通风透光条件，降低田间湿度；推广施用腐熟有机肥，增施磷钾肥，氮磷钾合理搭配，增强小麦抗病能力；不宜过多、过迟施用氮肥，防止小麦贪青晚熟，加重受害；节水灌溉，土壤湿度大或雨后要及时开沟排水；后期发病重的麦田需适当灌水，以减少产量损失。

2. 生物防治

病害发生初期每亩用 1 000 亿芽孢/克枯草芽孢杆菌可湿性粉剂 15～20 g，或 2% 嘧啶核苷类抗菌素水剂 333～500 g，兑水均匀喷雾。另外，除占小麦内生菌优势种群的芽孢杆菌属外，假单胞菌属的恶臭假单胞菌对小麦条锈病也有一定的防治效果。

3. 科学用药

由于小麦条锈病属于大区域流行性、暴发性、毁灭性病害，在采取药剂防治上，要选择大型施药器械，大面积开展统防统治，以确保在短时间内控制病情。

(1)药剂拌种。用 6% 戊唑醇悬浮种衣剂 50～65 mL，或用 15% 三唑酮可湿性粉剂 150 g，或 20% 三唑酮乳油 150 mL，拌小麦种子 100 kg。拌种时要严格掌握用药剂量，力求拌种均匀，拌过的种子应当日播完，避免发生药害。

（2）大田喷药。对发病中心要及时控制，避免快速蔓延，当病叶率在0.5%～1%时应立即进行普遍防治。每亩用15%三唑酮可湿性粉剂60～80 g，或12.5%烯唑醇可湿性粉剂30～40 g，或75%肟菌·戊唑醇水分散粒剂10 g，或20%三唑酮乳油45～60 mL，或30%醚菌酯悬浮剂70～100 mL，或30%丙硫菌唑可分散油剂40～45 mL，兑水40～50 kg喷雾防治。

第四节　小麦赤霉病

一、危害症状

小麦赤霉病（图6-4）主要引起苗枯、穗腐、茎基腐、秆腐和穗腐，从幼苗到抽穗都可受害。其中影响最严重是穗腐。苗腐是由种子带菌或土壤中病残体侵染所致。先是芽变褐，然后根冠随之腐烂，轻者病苗黄瘦，重者死亡，枯死苗湿度大时产生粉红色霉状物（病菌分生孢子和子座）。

图6-4　小麦赤霉病

二、阶段特征

穗腐：小麦扬花时，初在小穗和颖片上产生水浸状浅褐色斑，渐扩大至整个小穗，小穗枯黄。湿度大时，病斑处产生粉红色胶状霉层。后期产生密集的蓝黑色小颗粒（病菌子囊壳）。用手触摸，有突起感觉，不能抹去，籽粒干瘪并伴有白色至粉红色霉。小穗发病后扩展至穗轴，病部枯竭，使被害部以上小穗开成枯白穗。

茎基腐：自幼苗出土至成熟均可发生，麦株基部组织受害后变褐腐烂，致全株枯死。

秆腐：多发生在穗下第一、第二节，初在叶鞘上出现水渍状褐绿斑，后扩展为淡褐色至红褐色不规则形斑或向茎内扩展。病情严重时，造成病部以上枯黄，有时不能抽穗或抽出枯黄穗。气候潮湿时病部表面可见粉红色霉层。

三、症状特征

(1)危害时间。小麦生长的各个阶段都能受害，苗期侵染引起苗腐，中后期侵染引起秆腐和穗腐，尤以穗腐危害性最大。扬花期显症，成熟期成灾。

(2)危害部位。主要危害穗部。病菌最先侵染部位主要是花药，其次为颖片内侧壁。通常一个麦穗的小穗先发病，然后迅速扩展到穗轴，进而使其上部其他小穗迅速失水枯死而不能结实。

(3)表现症状：侵染初期在颖壳上呈现边缘不清的水渍状褐色斑，渐蔓延至整个小穗，病小穗随即枯黄。发病后期在小穗基部出现粉红色胶质霉层。

四、发生规律

小麦赤霉病菌以腐生状态在田间残留的稻桩、玉米秸秆、小麦秆等各种植物残体上越夏、越冬。春天，病菌在一定温、湿度条件下产生子囊壳，成熟后吸水破裂，壳内病菌孢子喷射到空气中并随风雨传播(微风有利于传播)到麦穗上引起发病，小麦收后，病菌又寄生于田间稻桩、麦秆上越夏、越冬。在小麦扬花至灌浆期都能侵染危害，尤其是扬花期侵染危害最重。扬花期侵染，灌浆期显症，成熟期成灾。其发生条件：

(1)品种抗病性。穗形细长、小穗排列稀疏、抽穗扬花整齐集中、花期短的品种较抗病，反之则感病。

(2)充足的菌量是发病的前提。凡是上年发病重的麦区都为下年小麦赤霉病的发生留下了充足菌源。

(3)发病天气。小麦抽穗至灌浆期(尤其是小麦扬花期)内雨日的多少是病害发生轻重的最重要因素。凡是抽穗扬花期遇3 d以上连续阴雨或大雾天气，病害就可能严重发生。

五、防治措施

本着选用抗病品种为基础，药剂防治为关键，调整生育期避危害的综合防治策略，抓好以下措施。

(1)选用抗病品种。小麦赤霉病常发区应选用穗形细长、小穗排列稀疏、抽穗扬花整齐集中、花期短、残留花药少、耐湿性强的品种。

（2）做好栽培避害。根据当地常年小麦扬花期雨水情况适期播种，避开扬花多雨期。做到田间沟沟通畅，增施磷钾肥，促进麦株健壮，防止倒伏早衰。

（3）狠抓药剂防治。小麦赤霉病防治的关键是抓好抽穗扬花期的喷药预防。一是要掌握好防治适期，小麦抽穗扬花若遇天气预报有 3 d 以上连阴雨天气，应及时提前喷药预防，感病品种或适宜发病年份一周后补喷一次；二是要选用优质防治药剂，每亩用 80％多菌灵超微粉 50 g，或 80％多菌灵超微粉 30 g 加 15％粉锈宁 50 g，或 40％多菌灵胶悬剂 150 mL 兑水 40 kg，或选用甲基硫菌灵、戊唑醇、烯唑醇及其他复配药剂喷雾；三是掌握好用药方法，喷药时要重点对准小麦穗部均匀喷雾。使用手动喷雾器每亩兑水 40 kg，使用机动喷雾器每亩兑水 15 kg 赶晴或阴天气喷雾，如喷药后遇雨则需雨后补喷。如果使用粉锈宁防治则不能在小麦盛花期喷药，以避免影响结实。

第五节　小麦叶枯病

一、危害症状

小麦叶枯病多在抽穗期发生，主要为害叶片和叶鞘。一般先从下部叶片开始发病枯死，逐渐向上发展。发病初期叶片上生长出卵圆形淡黄色至淡绿色小斑，以后迅速扩大，形成不规则黄白色至黄褐色大斑块。

二、发生规律

在冬麦区，病菌在小麦病残体上或种子上越夏，秋季开始侵入幼苗，以菌丝体在病株上越冬，翌年春季，病菌产生分生孢子传播为害。在春麦区，病菌的分生孢子器及菌丝体在小麦病残体上越冬，翌年春季小麦播种后产生分生孢子传播为害。低温多湿条件有利于此病的发生扩展。小麦品种间的抗病性有较大差异。

三、防治措施

1. 农业措施

（1）选择抗病品种。可选择周麦 12、周麦 21 号、周麦 24、郑麦 98、郑麦 366、郑麦 0856、郑麦 9023、郑麦 9405、济麦 4 号、先麦 10 号、矮抗 58、新麦 11、洛麦 22、国引 2 号、太空 6 号等抗性品种。选用无病种子。

(2)加强栽培管理。适期适量播种，控制田间群体密度。采用宽窄行种植模式播种(宽行 20 cm、窄行 13 cm)，改善田间通风透光条件，降低田间湿度，增强植株的抗病能力。做好秸秆还田，深翻土壤。施足基肥，科学配方施肥。增加麦田磷、钾及有机肥施用量，适当控制氮肥用量，合理控水，忌大水漫灌。促进小麦植株健壮生长。

2. 治蚜防病

小麦蚜虫刺吸叶片造成伤口并分泌蜜露，有利叶枯病病菌的侵入和扩展，加重病害发生程度。因此，及时防治小麦蚜虫，能减轻叶枯病发生为害程度。

3. 科学用药

小麦包衣拌种和抽穗扬花期施药是防治小麦叶枯病的两项关键技术。

(1)小麦包衣拌种。用 60 g/L 戊唑醇悬浮种衣剂 50～65 mL，或 30 g/L 苯醚甲环唑悬浮种衣剂 200～300 mL，或 15% 三唑醇可湿性粉剂 200～300 g，或 30% 醚菌酯悬浮种衣剂 33～67 mL，对水 2～3 kg 拌麦种 100 kg，拌种时应严格控制用药量，避免影响种子发芽。

(2)小麦抽穗扬花期，每亩用 12.5% 烯唑醇可湿性粉剂 25～30 g，或 20% 三唑酮乳油 100 mL 对水 50 kg 均匀喷雾；也可用 50% 多菌灵可湿性粉剂 1 000 倍液，或 50% 甲基硫菌灵可湿性粉剂 1 000 倍液，或 75% 百菌清可湿性粉剂 500～600 倍液喷雾。病情严重时，间隔 5～7 d 再补防 1 次。

第六节　小麦茎基腐病

一、危害症状

茎基部叶鞘受害后颜色渐变为暗褐色，无云纹状病斑，容易和小麦纹枯病相区别。随病程发展，小麦茎基部节间受侵染变为淡褐色至深褐色，田间湿度大时，茎节处、节间生粉红色或白色霉层，茎秆易折断。病情发展后期，重病株提早枯死，形成白穗。逢多雨年份，和其他根腐病的枯白穗类似，枯白穗易腐生杂菌变黑。

二、发生规律

小麦茎基腐病是一种典型的土传病害，病原种类复杂，主要有镰刀菌和根腐离蠕孢。病原以菌丝体、分生孢子、厚垣孢子的形式存活于土壤中的病残体组织中，一般可存活 2 年以上。病原菌从小麦茎基部或根部侵入，并扩展为害。田间靠耕作措施传播。除小麦外，还可侵染大麦、玉米等禾本科作物和杂草。

早播发病重，适期迟播发病轻。黏性土壤、地势低洼、排水不良、田间湿度大发生重。偏施氮肥、土壤缺锌发病重。小麦品种间抗病性有差异。

三、防治措施

1. 农业防治

(1)选择周麦 24、周麦 26、周麦 27、华育 198、开麦 18、百农 207、平安 8号、兰考 198、许科 718、泛麦 8 号、豫麦 1 号、豫麦 201、济麦 22、郑麦 9023等抗(耐)病性较强的品种。

(2)合理轮作(图 6-5)。重病田采取小麦与油菜、棉花、豆类、烟草、蔬菜等双子叶作物进行 2～3 年轮作，能有效减轻病情。

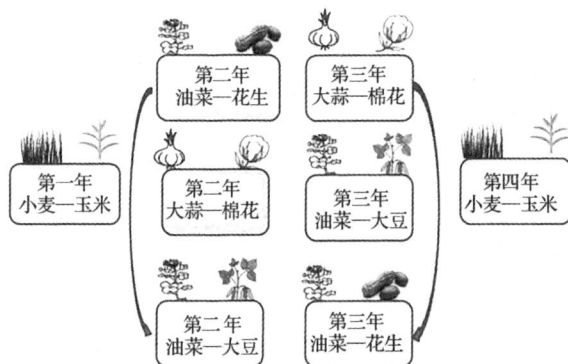

图 6-5　小麦茎基腐病，轮作模式

(3)清除病残体。重病田严禁秸秆还田，收获时留低茬并将秸秆清理出田间进行腐熟或作他用。确需还田应进行充分粉碎和深翻，并施用秸秆腐熟剂，加速病残体降解，减少田间病原菌数量。

(4)适期晚播，避免过早播种。控制氮肥用量，适当增施磷钾肥和锌肥，每亩可施用硫酸锌 1～2 kg，能减轻小麦茎基腐病病情。

(5)推广节水灌溉，降低田间湿度；小麦苗期及时防治麦蚜、麦叶螨，减少害虫为害造成的伤口；及时冬灌，预防冻害；小麦生长中后期结合防治病虫害喷洒叶面肥，促进小麦健壮生长，增强抗病能力。

2. 生物防治

洋葱伯克氏菌对假禾谷镰刀菌引起的小麦茎基腐病有明显的抑制作用；利用木霉菌处理小麦秸秆并掩埋，可以加速病原菌的死亡，处理后 6 个月可将小麦秸秆上面的假禾谷镰刀菌完全清除。

3. 科学用药

(1)药剂拌种。用 2.5％咯菌腈悬浮种衣剂 10～20 mL＋3％苯醚甲环唑悬浮种衣剂 50～100 mL，拌麦种 10 kg；或用 6％戊唑醇悬浮种衣剂 50 mL，拌小麦种子 100 kg。

(2)生长期药剂喷洒。小麦苗期至返青拔节期，在发病初期，每亩用 12.5％烯唑醇可湿性粉剂 45～60 g，或 50％氯溴异氰尿酸可湿性粉剂 40 g 兑水 40～50 kg 喷雾防治。

第七节　小麦根腐病

一、危害症状

该病症状因气候条件而不同。在干旱半干旱地区，多引起茎基腐、根腐；多湿地区除以上症状外，还引起叶斑、茎枯、穗颈枯。幼苗受侵，芽鞘和根部变褐甚至腐烂；严重时，幼芽不能出土而枯死。在分蘖期，根茎部产生褐斑，叶鞘发生褐色腐烂，严重时也可引起幼苗死亡。成株期在叶片或叶鞘上，最初产生黑褐色梭形病斑，以后扩大变为椭圆形或不规则形褐斑，中央灰白色至淡褐色，边缘不明显。在空气湿润和多雨期间，病斑上产生黑色霉状物，用手容易抹掉(与球霉病、颖枯病和叶枯病不易用手抹掉不同)。叶鞘上的病斑还可引起茎节发病。穗部发病，一般是个别小穗发病。小穗梗和颖片变为褐色。在湿度较大时，病斑表面也产生黑色霉状物，有时会发生穗枯或掉穗。种子受害时，病粒胚尖呈黑色，重者全胚呈黑色(胚尖或全胚发黑者不一定是根腐病菌所致，也可能是由假黑胚病菌所致)，根腐病除发生在胚部以外，也可发生在胚乳的腹背或腹沟等部分。病斑梭形，边缘褐色，中央白色。此种种子叫"花斑粒"。

二、发病原因

病原物为禾旋孢腔菌，根腐病在土壤过于干旱或潮湿时发生重，幼苗受冻病情加重。成株期叶部发病与气候、寄主生育状态及叶龄有关。根腐病的发生发展受多种因素影响，如土壤板结，播种时覆土过厚，小麦连作和种子带菌等因素均可促进根腐发生。成株期叶片发病的空间分布呈"S"型曲线，初期病情增长缓慢，中期发展迅速，后期平稳。叶部病情与病菌密度、气象条件和寄主抗性密切相关。小麦生育前期温、湿度低，菌源量小，发病轻，抽穗前叶片抗性较强，病情增长速度缓慢，抽穗后抗性下降，温、湿度升高，经多次再侵染后菌源量增多，病情迅速增长，乳熟期后，增长速度减慢。

三、分布范围

病菌寄主范围很广。能侵染小麦、大麦、燕麦、黑麦等禾本科作物和 30 余种禾本科杂草。病菌在不同小麦品种上的致病力有差异，存在生理分化现象。根腐病在土壤过于干旱或潮湿时发生重；幼苗受冻病情加重。成株期叶部发病与气候、寄主生育状态及叶龄有关。麦田缺氧植株早衰，抗病力下降，发病重；叶片龄期愈长，抗病力愈低，小麦抽穗后出现高温、多雨的潮湿气候、病害发生程度明显加重。黑龙江春麦区小麦抽穗后正进入雨季，雨湿条件对根腐病发生发展十分有利，因而成为这一地区小麦的主要病害，华北、西北麦区由于湿度低，危害轻。根腐病的发生发展受多种因素影响，如土壤板结，播种时覆土过厚。春麦区播种过迟，冬麦区播种过早以及小麦连作和种子带菌等因素均可促进根腐发生。成株期叶片发病的空间分布呈"S"曲线型，初期病情增长缓慢，中期发展迅速，后期平稳。叶部病情与病菌密度，气象条件和寄主抗性密切相关。小麦生育前期温、湿度低，菌源量小，发病轻。抽穗前叶片抗性较强，病情增长速度缓慢。抽穗后抗性下降，温、湿度升高，经多次再侵染后菌源量增多，病情迅速增长，乳熟期后，增长速度减慢。

四、发病特点

小麦根腐病菌以分生孢子黏附在种子表面与菌丝体潜在种子内部越夏、越冬；分生孢子和菌丝体也能在田间病残体上越夏或越冬。因此，土壤带菌和种子菌是苗期发病的初侵染源。当种子萌发后，病菌先侵染芽鞘，后蔓延至幼苗，病部长出的分生孢子，可经风雨传播，进行再侵染，使病情加重。不耐寒或返青后遭受冻害的麦株容易发生根腐，高温多湿有利于地上部分发病。24～28 ℃时，叶斑的发生和坏死率迅速上升，在 25～30 ℃时，有利于发生穗枯。重茬地块发病逐年加重。

五、防治方法

(1)因地制宜地选用适合当地栽培的抗根腐病的品种，春小麦可选用等抗根腐病品种，种植不带黑胚的种子。

(2)提倡施用酵素菌区制的堆肥或腐熟的有机肥。麦收后及时耕翻灭茬，使病残组织当年腐烂，以减少下年初侵染源。

(3)采用小麦与亚科(马铃薯、油菜等)轮作方式进行换茬，适时早播、浅播，土壤过湿的要散墒后播种，土壤过干则应采取浇水、中耕、镇压保墒等农业措施减轻受害。

(4)播种前用万家宝 30 g 加水 300 g 拌 20 kg 种子，也可用 50%扑海因可湿性粉剂或 75 强卫福合剂、58%信得可湿性粉剂、70%代森锰锌可湿性粉剂、50%福美双可湿性粉剂、20%三唑酮乳油，80%喷克可湿性粉剂，按种子重量的 0.2%~0.3%拌种。防效可在 60%以上。

(5)成株开花期喷洒 25%敌力脱乳油 4 000 倍液或 50%福美双可湿性粉剂，每亩用药 100 g，兑水 75 kg 喷洒。

(6)小麦起身期在施用一定的有机肥基础上，结合喷施植物动力 2003 叶面肥 10 mL 对清水 10 kg 喷雾，也可在小麦孕穗至灌浆期喷洒万家宝 500~600 倍液。隔 15 d 再喷一次，促进根系发育，增产效果显著。

(7)提倡用"多得"稀土纯营养剂，每亩用 50 g，兑水 20~30 L 喷施，隔 10~15 d 一次，连续喷 2~3 次，补充微量元素，提高抗性。

第七章 小麦主要虫害及其防治技术

第一节 金针虫类

一、形态特征

金针虫的成虫是细长的褐色甲虫，躯体略扁，末端尖削，前胸背板后缘两角常尖锐突出，密被黄色或灰色细毛，受压时前胸可作"叩头"的动作。幼虫金黄色、褐黄色，体细长，略扁，坚硬光滑。

(一)沟金针虫(图7-1)

(1)成虫。雌成虫体长16～17 mm，宽约4.5 mm，雄成虫体长14～18 mm，宽约3.5 mm。雌虫体扁平，栗褐色，密被金黄色细毛，触角17节，黑色，略呈锯齿形，长度约为前胸的2倍，鞘翅长度约为前胸的4倍，其上纵沟明显，后翅退化。雄虫虫体细长，触角12节，丝状，长及鞘翅束端，鞘翅长度约为前胸的5倍，其上纵沟较明显，有后翅。

(2)卵。椭圆形，长约0.7 mm，宽约0.6 mm，乳白色。

(3)幼虫。老熟幼虫体长20～30 mm，宽约4 mm，体形宽而扁平，呈金黄色。体节宽大于长，从头部至第九腹节渐宽。由胸部至第十腹节背面中央有1条细纵沟。尾节背面有略近圆形之凹陷，并密布较粗点刻，两侧缘隆起，每侧具3对锯齿状突起。尾端分叉，并稍向上弯曲，叉的内侧有1小齿。

(4)蛹。体长15～17 mm，宽3.5～4.5 mm，黄白色，长纺锤形。触角紧贴于体侧，雌蛹触角达后胸后缘，雄蛹触角长达腹部第7节。腹部末端瘦削，有2个角状突起，外弯，尖端有细刺。

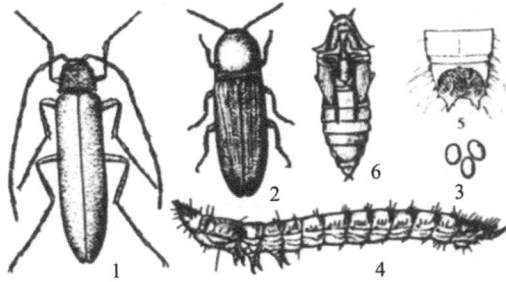

1. 雄虫；2. 雌虫；3. 卵；4. 幼虫；5 腹部末端；6. 腹面

图 7-1　沟金针虫

（二）细胸金针虫（图 7-2）

（1）成虫。体长 8～9 mm，宽约 2.5 mm，细长，背面扁平，被黄色细绒毛。头、胸部棕黑色，鞘翅，触角、足棕红色，光亮。触角着生于复眼前端，被额分开，触角细而短，向后不达前胸后缘，其第 1 节粗而长，第 2、第 3 节等长，均较短。自第 4 节起成锯齿状，末节圆锥形。前胸背板长稍大于宽，基部与鞘翅等宽，侧边很窄，中部之前，明显向下弯曲，直抵复眼下缘，后角尖锐，伸向斜后方，顶端多少上翘，表面拱凸，刻点深密。小盾片略似心脏形，覆毛极密。鞘翅狭长至端部稍缢尖，每翅具 9 行纵行深刻点沟。各足跗节 1～4 节，节长渐短，爪单齿式。

（2）卵。长 0.5～1 mm，圆形，乳白色，有光泽。

（3）幼虫。老熟幼虫体长 23 mm，宽约 13 mm，呈细长圆筒形，淡黄色有光泽。口部深褐色。腹部第一至第八节略等长。尾节圆锥形，尖端为红褐色小突起，背面近前缘两侧生有一个褐色圆斑，并有 4 条褐色纵纹。

（4）蛹。体长 8～9 mm，纺锤形。初蛹乳白色，后变黄色，羽化前复眼黑色，口器淡褐色，翅芽灰黑色，尾节末端有 1 对短锥状刺，向后呈钝角岔开。

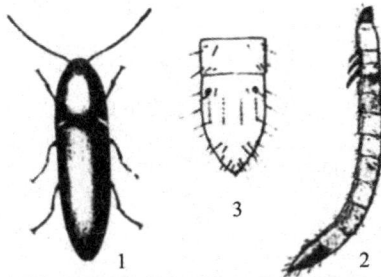

1. 成虫；2. 幼虫；3. 腹部

图 7-2　细胸金针虫

(三)褐纹金针虫(图 7-3)

(1)成虫。体细长,长 8~10 mm,宽约 2.7 mm,体黑褐色生有灰色短毛。头部凸形,黑色,密生粗点刻,前胸黑色,但点刻较头部小。唇基分裂,触角、足暗褐色,触角第四节较第 2、第 3 节稍长,第 4 至第 10 节锯齿状。前胸背板长度明显大于宽度,后角尖,向后突出。鞘翅狭长,自中部开始向端部逐渐缢尖,每侧具 9 行点刻。各足第 1 至第 4 跗节的长度渐短,爪梳状。

(2)卵。长约 0.6 mm,宽约 0.4 mm,椭圆形。初产时乳白色略黄。卵壳外有分泌物,能黏结细土粒。

(3)幼虫。老熟幼虫体长 25~30 mm,宽约 1.7 mm,细长圆筒形,茶褐色,有光泽。头扁平,梯形,上具纵沟和小刻点,身体背面中央具细纵沟,自中胸至腹部第 8 节扁平面长,各节前缘两侧有深褐色新月形斑纹。尾节长,扁平,尖端具 3 个小突起,中间的突起尖锐,尾节前缘亦有 2 个新月形斑,靠前部有 4 条纵线,后半部有褐纹,并密生大面深的刻点。

(4)蛹。体长 9~12 mm,初蛹乳白色,后变黄色,羽化前棕黄色。前胸背板前缘两侧各斜竖 1 根尖刺。尾节末端具 1 根粗大的臀棘,着生有斜伸的 2 对小刺。

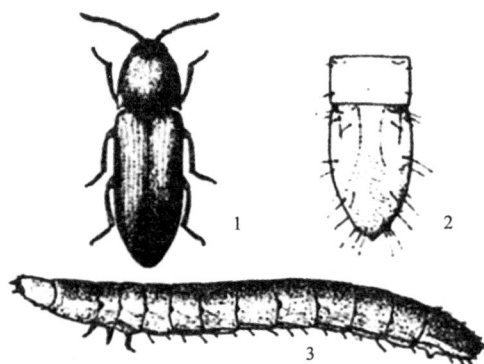

1. 成虫;2. 腹部;3. 幼虫

图 7-3 褐纹金针虫

二、发生规律

(一)沟金针虫

2~3 年以上完成 1 代,以成虫和幼虫在土壤中越冬,生活历期长,世代不整齐。越冬成虫在 2 月下旬至 3 月上旬,10 cm 深处地温在 8 ℃上下时,开始上升活动，3月中旬至4月上旬活动最盛，4月中旬至6月初产卵，卵期35 d，6月幼虫全部孵出。幼虫为害至7月初，当10 cm深处地温在28 ℃上下时，钻入土壤深处越夏。9月下旬至10月上旬，当10 cm深处地温下降到18 ℃上下时，幼虫上升到土壤表层危害，11月下旬地温下降，幼虫下潜到土层深处越冬。翌年春季2—3月，10 cm土层平均温度达6.7 ℃时，开始上升为害，3—4月严重危害麦苗。地温高于24 ℃幼虫向下潜伏，8月下旬至9月中旬在15~20 cm深的土层内，陆续筑土室化蛹，蛹期16~20 d。9月中下旬成虫羽化，成虫当年不出土，在地下越冬。

成虫寿命约220 d，不危害作物，白天潜伏在土块下或杂草中，傍晚活动交尾，有假死性，雄虫有趋光性。雌虫行动迟钝，不能飞翔，雄虫活跃，能做短距离飞翔。卵产在麦根附近3~7 cm深的表层土壤内，散产，每雌虫产卵200余粒，卵粒小，常粘有土粒，不易发现幼虫危害麦苗，春苗受害较重，秋苗受害较轻。沟金针虫也为害玉米、高粱、谷子、豆类、薯类、蔬菜等，但不喜食棉花、油菜、芝麻。幼虫不耐潮湿，土壤相对湿度15%~18%，10 cm层地温10~18 ℃时最适于其活动为害，多发生在土质疏松、有机质较缺乏的旱地。

（二）细胸金针虫

在我国北方2年发生1代。第1年以幼虫，翌年以老熟幼虫、蛹或成虫在地下越冬，越冬幼虫于2月中旬开始上移活动，3月上中旬大量活动，为害麦苗。6月以后随温度升高，而下移到土层深处。6月下旬至9月中旬化蛹，8月中旬为化蛹盛期。7月上旬开始羽化，8月下旬至9月上旬为羽化高峰。成虫羽化后即在原地潜伏越冬。越冬成虫于翌年3月中下旬开始出土，4月下旬开始产卵，卵散产在土层3~7 cm深处，每雌虫可产卵100粒左右。4月底至5月上旬为产卵高峰。5月中旬卵开始孵化，5月下旬为孵化高峰期。部分幼虫于冬小麦播种后，上移为害秋苗，直到11月下旬进入越冬。

细胸金针虫成虫寿命200 d左右。成虫有弹跳能力，飞翔力差，夜间活动。成虫对糖、酒、醋混合液有强烈的趋性，对枯枝烂叶以及麦秸等也有一定趋性，趋光性弱，有假死性。幼虫有11个龄期，历期475 d。初孵幼虫活泼，受惊后不停翻卷或迅速爬行，有自相残杀习性。喜钻蛀植株和转株为害。春、秋两季是为害盛期，幼虫较耐低温，春季为害早而秋季越冬迟，适生于潮湿黏重的土壤，水浇地发生较多。

（三）褐纹金针虫

一般3年完成1个世代。当年孵化的幼虫发育至三龄或四龄时越冬，翌年以五至七龄幼虫越冬。第三年六至七龄幼虫在 7—8 月间于 20～30 cm 土层深处化蛹。蛹期平均 17 d，成虫羽化后在土层内越冬。

成虫寿命 250～300 d。成虫活动适温 2～27 ℃，适宜相对湿度 63%～90%。成虫夜息日出，夜间潜入土层内，白天出土活动，下午活动最盛。成虫具假死性。卵多产在麦根附近 10 cm 土层内，卵散产。5—6 月为产卵盛期，卵期 16 d 左右。

幼虫春、秋两季为害。春季 3 月下旬，10 cm 土层地温达 5.8 ℃时，越冬幼虫上升活动，4 月上中旬大部分幼虫食害麦苗，6—8 月大部分下移到 20 cm 以下土层，9—10 月又在耕层为害秋苗，11 月上旬 10 cm 土层平均地温下降到 8 ℃后，下潜到 40 cm 土层越冬。

褐纹金针虫适生于土壤较湿润、有机质含量较多、较疏松的土壤环境。黏重、有机质少、干燥的土壤很少发生。寄主种类虽多，但仍以麦田发生最多，其次为马铃薯、玉米、甜菜田。

三、防治方法

（一）栽培防治

调整茬口，合理轮作，发虫严重地块实行水旱轮作或与双子叶作物轮作；要精耕细作，春、秋播前实行深翻，休闲地伏耕，以破坏金针虫的生存环境和杀伤虫体；要清洁田园，及时除草，减少金针虫早期食料；合理施肥，施用充分腐熟的粪肥，施入后要覆土，不能暴露在土表；适时灌水，淹死上移害虫或迫使其下潜，减轻危害。

（二）人工诱杀

沟金针虫雄虫有较强的趋光性，可在成虫出土期用灯诱杀。堆草诱杀细胸金针虫，在田间设置 10～15 cm 厚的小草堆，每亩 20～50 堆，在草堆下撒布 1.5% 乐果粉少许，每天早晨翻草扑杀。

（三）药剂防治

常用药剂为甲基异柳磷、辛硫磷、敌百虫和毒死蜱等有机磷制剂，可采用药剂拌种、土壤处理、喷雾或灌浇药液等施药方式，兼治其他地下害虫，拌种可用 40% 甲基异柳磷乳油 50 mL，加水 5～6 L，拌小麦种子 50 kg，或用 50% 辛硫磷乳油 100～165 mL，加水 5～6 L，拌麦种 50 kg。拌种时先将药加水稀释，再用喷雾器将药液均匀喷洒在种子上一边喷药一边翻动种子，待药液被种子吸收后，摊开晾干即可。

各种药剂土壤处理的用药量；3％氯唑磷(米乐尔)颗粒剂每亩用 2 kg；5％辛硫磷颗粒剂每亩用 2 kg；2％甲基异柳磷粉剂每亩用 2 kg。皆与干细土 30～40 kg 混合拌匀，制成药土，播前将药土撒施于播种穴中或播种沟中(不要直接接触种子)，或苗期顺垄撒施于地面，然后浅锄覆土。

发生严重的地块，在金针虫危害期还可施用 80％敌百虫可溶性粉剂 1 000 倍液，或 50％辛硫磷乳油 1 000 倍液，或 40％甲基异柳磷乳油 1 000～1 500 倍液，或 48％毒死蜱乳油 1 500 倍液顺麦垄喷施，或将喷雾器去掉喷头，顺着麦垄灌根。隔 8～10 d 灌 1 次，连续灌 2～3 次。

第二节　蝼　蛄　类

一、形态特征

(一)东方蝼蛄(图 7-4)

(1)成虫。体长 30～35 mm，灰褐色，腹部色较浅，全身密布细毛。头圆锥形，触角丝状。前胸背板卵圆形，中间具一较小的暗红色长心脏形斑，凹陷明显。前翅灰褐色，长约 12 mm，能覆盖腹部 1/2。后翅扇形，较长，超过腹部末端。腹部末端近纺锤形，具 1 对长尾须。前足为发达的开掘足，腿节内侧外缘平直，无明显缺刻。后足胫节背面内侧有刺 3～4 个。

图 7-4　东方蝼蛄

(2)卵。椭圆形，长 2～2.4 mm，初乳白色，后变黄褐色，孵化前暗紫色。

(3)若虫。大多八至九龄，少数六龄或九至十龄。初孵若虫乳白色，复眼淡红色，体色后变灰褐色。初龄若虫体长约 4 mm，末龄若虫体长 24～28 mm。2～3 龄以后若虫体色与成虫相近。

(二)华北蝼蛄(图 7-5)

(1)成虫。体长 39～45 mm，黄褐色，全身密生黄褐色细毛前胸背板呈盾形，中央有一个较大的暗红色心脏形斑，凹陷不明显。前翅黄裙色，长 14～16 mm，覆盖腹部不到 1/3。后翅纵卷成筒状，伏于前翅之下，长度超过腹部末端。腹部末端近圆筒形。具 1 对长尾须。前足特别发达，为开掘式，适于挖土行进。前足腿节内侧外缘呈"S"形弯曲，缺刻明显。后足胫节背面内侧有刺 1 个或缺失。

图 7-5　华北蝼蛄

（2）卵。椭圆形，孵化前长 2.4～2.8 mm，宽 1.5～1.7 mm，初产黄白色，后变黄褐色，孵化前暗灰色。

（3）若虫。共 13 龄，初孵若虫乳白色，复眼淡红色，体色后变黄褐色。五六龄以后体色形似成虫，翅不发达，仅有翅芽。

二、发生规律

（一）东方蝼蛄

在北方各地 2 年发生 1 代，在南方 1 年发生 1 代，以成虫或各龄若虫在地下越冬。

越冬成虫 3—4 月上升到地表活动，隧洞洞顶隆起一小堆新鲜虚土，随后出窝转移，地表虚土堆出现小孔。5 月上旬至 6 月中旬是蝼蛄最活跃的时期，也是第一次为害高峰期。5 月中旬开始产卵，5 月下旬至 6 月上旬是产卵盛期，6 月中旬为卵孵化盛期，孵化的若虫潜入 30～40 cm 以下的土层越夏。9 月上旬以后随气温下降，再次上升到地表活动，危害秋作物，形成第二次为害高峰。10 月中旬以后，陆续钻入深层土壤中越冬。

东方蝼蛄昼伏夜出，以夜间 9—11 时活动最盛，特别在气温高、湿度大、闷热的夜晚，大量出土活动。在炎热的中午常潜至深土层。东方蝼蛄喜在潮湿处产卵。产卵前在土层 5～10 cm 深处筑扁圆形卵室，每室有卵 30～60 粒。该虫有趋光性，对香甜物质，诸如半熟的谷子，炒香的油渣、豆饼、麦麸以及新鲜马粪等有强烈的趋性。土壤温湿度对其活动影响很大，壤土和沙壤土发生重。

（二）华北蝼蛄

生活历期较长，北方大部分地区需 3 年完成 1 代，以成虫和八龄以上的若虫在地下 60～120 cm 深处土层内越冬。春季 3—4 月，10 cm 深处地温回升至 8 ℃时上升活动，常将表土顶出约 10 cm 长的新鲜虚土堆。4—5 月进入为害盛期，食害冬小麦和春播作物。6 月中旬以后天气炎热，潜入地下越夏。越冬成虫 6—7 月交配产卵，每头雌虫可产卵 80～800 余粒，每个卵室有卵 50～85 粒，卵期 20～25 d。8 月上旬至 10 月中旬又上移为害，后以八九龄若虫越冬。翌年春季，越冬幼虫上升为害，秋季发育成 12～13 龄若虫，移入土层深处越冬。第三年 8 月上中旬成虫羽化，该年以成虫越冬，越冬成虫在第四年产卵。

华北蝼蛄也具有趋光性和趋化性，但因形体大，飞翔力弱，黑光灯不易诱到。华北蝼蛄喜好栖息于松软潮湿的壤土或沙壤土 20 cm 表土层，含水量 20% 以上最适宜，低于 15% 时活动减弱，因而多发生于沿河、沿海及湖边的低湿地区。气温 12.5～19.8 ℃、20 cm 深处地温 15.2～19.9 ℃时最适宜，温度过高或过低时，都潜入深层土壤中。

三、防治方法

防治蝼蛄，应根据其季节性消长特点和土壤中的活动规律，抓住有利时机，采取相应措施。

（一）栽培防治

深耕翻地，机械杀伤土中的虫体，或将其翻到土面，经暴晒、冷冻和鸟兽啄食而死亡。平整土地，治理田边的沟坎荒坡，清除杂草，破坏蝼蛄孳生繁殖场所。马粪等农家肥应充分腐熟后才能施用，以防止招引蝼蛄产卵，在春、秋季为害高峰期适时灌水可迫使蝼蛄下迁，减轻危害。

（二）人工诱虫杀虫

在成虫活动高峰期，设置黑光灯诱杀。利用蝼蛄对马粪的趋性，用新鲜马粪放置在坑中或堆成小堆诱集，人工扑杀。也可在马粪中拌入 0.1% 敌百虫或辛硫磷诱杀蝼蛄。

春季在蝼蛄开始上升活动而未迁移时，根据地面隆起的虚土堆，寻找虫洞，沿洞深挖，找到蝼蛄并杀死。夏季在蝼蛄产卵盛期，结合中耕，发现洞口后，向下挖 10～18 cm 即可找到卵室，再向下挖 8 cm 左右就可挖到雄成虫，一并消灭。

(三)药剂防治

(1)药剂拌种。用50%辛硫磷乳油或40%甲基异柳磷乳油拌种,用药量为种子量的0.1%~0.2%。先用种子量5%~10%的水稀释药剂,用喷雾器将药液喷布于种子上,搅拌均匀后堆闷12~24 h,使药液被种子充分吸收。

(2)土壤处理。常用50%辛硫磷乳油、40%甲基异柳乳油、5%辛硫磷颗粒剂、3%甲基异柳磷颗粒剂、3%氯唑磷(米乐尔)颗粒剂等。使用方法参见蛴螬的防治。

(3)毒饵诱杀。用炒香的谷子、麦麸、豆饼、米糠或玉米碎粒等作饵料,拌入饵料量1%的40%乐果乳油或90%敌百虫结晶做成毒饵。操作时先用适量水将药剂稀释,然后喷拌饵料。使用时将毒饵捏成小团,散放在株间、垄沟内或放在蝼蛄洞穴口,诱杀蝼蛄,毒饵不要与苗接触,浇水时应先将毒饵取出。也可在田间每隔3~4 m挖一浅坑,在傍晚放入一捏毒饵再覆土。

(4)灌药法。用50%辛硫磷乳油1 000~1 500倍液,或80%敌敌畏乳油2 500倍液灌注蝼蛄隧洞的穴口,也可从穴口滴入数滴煤油,再向穴内灌水。危害严重的地块,可用药液灌根。

第三节 蛴 螬 类

一、形态特征

金龟甲类成虫(图7-6)身体坚硬肥厚,前翅为鞘翅,后翅膜质。口器咀嚼式,触角10节左右,鳃叶状,末端叠成锤状,中胸有小盾片,前足开掘式。幼虫蛴螬形,体白色,柔软多皱,胸足3对4节,腹部末端向腹面弯曲,肛腹板刚毛区散生钩状刚毛,多数种类还着生刺毛列。

图7-6 金龟甲类成虫

(一)华北大黑鳃金龟

(1)成虫。体长 17～21 mm，宽 8～10 mm，长椭圆形，黑褐色，有光泽。前翅表面微皱，肩凸明显，密布刻点，缝肋宽而隆起。另有 3 条纵肋。臀板后缘较直，顶端近直角。

(2)卵。椭圆形，后变球形，白色有光泽。

(3)幼虫。体长 35～45 mm，头黄褐色，体乳白色，多皱褶，头部前顶刚毛每侧各 3 根，排成一列，肛腹板上的钩头刚毛群紧挨肛门孔裂缝区，两侧有明显的无毛裸区。

(4)蛹。长 21～24 mm，初期白色，后变红褐色。

(二)东北大黑鳃金龟

东北大黑鳃金龟(图 7-7)是与华北大黑鳃金龟形态相似的近缘种。成虫形态与华北大黑鳃金龟相似，但臀板后缘较弯，呈弧形，顶端近球形。蛴螬肛腹板上钩头刚毛群两侧无明显的无毛裸区。

图 7-7　东北大黑鳃金龟

(三)暗黑鳃金龟(图 7-8)

(1)成虫。体长 16～22 mm，宽 7.8～11 mm，长椭圆形羽化初期红棕色，渐变红褐色，黑褐色或黑色，无光泽。前胸背板前缘有成列的褐色长毛，鞘翅的 4 条纵肋不明显。

图 7-8 暗黑鳃金龟

(2)卵。乳白色有绿色光泽,长 2.5 mm。

(3)幼虫。体长 35～45 mm,头及胸足黄褐色,胸腹部乳白色或污白色。臀节肛腹板刚毛区散生多数钩状刚毛,而无刺毛列。头部蜕裂缝两侧的前顶各有刚毛 1 根。

(4)蛹。体长 20～25 mm,宽 10～12 mm,黄褐色。

(四)棕色鳃金龟(图 7-9)

(1)成虫。体长 20 mm 左右,体宽 10 mm 左右,体棕褐色,具光泽。触角 10 节,赤褐色。前胸背板横宽,与鞘翅基部等宽,两前角钝,两后角近直角。小盾片光滑,三角形。鞘翅较长为前胸背板宽的 2 倍,各具 4 条纵肋,1、2 条明显,第 1 条末端尖细,会合缝处明显,足棕褐色有强光。

图 7-9 棕色鳃金龟

(2)卵。初产时乳白色,椭圆形,长 3.0～3.6 mm,宽 2.1～2.4 mm。此后缓慢膨大,半透明。孵化前大小为 6 mm×5 mm,卵壁薄而软,可见到幼虫在内蠕动。

（3）幼虫。体长 45～55 mm，乳白色。头部前顶刚毛每侧 1～2 根，绝大多数仅 1 根。肛腹板上的钩状刚毛群的中央有两列平行的毛列，每个毛列有 18～22 根毛。

（4）蛹。黄色，长 21～24 mm。羽化前头壳，足、鞘翅变为棕色并逐渐加深。蛹室卵圆形，长 35 mm，宽 20 mm。

（五）黑皱鳃金龟（图 7-10）

（1）成虫。长 15～16 mm，宽 6.0～7.5 mm，黑色无光泽，刻点粗大而密，鞘翅无纵肋。头部黑色，触角 10 节，黑褐色。前胸背板横宽，前缘较直，前胸背板中央具中纵线。小盾片横三角形，顶端变钝，中央具明显的光滑纵隆线，两侧基部有少数刻点。鞘翅卵圆形，具大而密排列不规则的圆刻点，基部明显窄于前胸背板，除会合缝处具纵肋外无明显纵肋。后翅退化仅留痕迹，略呈三角形。

图 7-10　黑皱鳃金龟

（2）卵。白色透明，略带黄绿或淡绿光泽，圆形或圆柱形，尺度为（2.2～3）mm×（1.4～2）mm。

（3）幼虫。体长 24～32 mm。头部前顶刚毛每侧各 3 根或 4 根，成一纵列。在肛腹板后部无刺毛列，只有钩状刚毛群，钩状刚毛 35～40 根。刚毛群后端与肛门孔侧裂缝间有较宽的无毛裸区。

（4）蛹。体长约 21 mm，宽约 11 mm。化蛹当日乳白色发亮，次日变为淡黄色，以后颜色逐渐加深成黄褐色，羽化前变为红褐色。

（六）铜绿丽金龟（图 7-11）

（1）成虫。体长 19～21 mm，体宽 8.3～12 mm，体表铜绿色，有金属光泽。前胸背板两侧淡黄色，鞘翅密布小刻点，背面有两条纵肋，边缘有膜质饰边，鞘翅肩部有疣突。臀板三角形，黄褐色，基部有 1 个倒三角形大黑斑，两侧各 1 个椭圆形小黑斑。

图 7-11 铜绿丽金龟

(2)卵。椭圆形，长 1.8 mm，白色，椭圆形，表面光滑。

(3)幼虫。老熟时体长 30～33 mm，头黄褐色，腹部乳白色。肛腹板有两列长针状刚毛组成的刺毛列，每列 15～18 根，刺毛尖端相对或交叉，略呈"八"字形。

(4)蛹。体长 18～22 mm，长椭圆稍弯曲，初黄白色，后黄褐色。

二、发生规律

蛴螬类的生活史因种类和地区不同而有很大差异。

(一)华北大黑鳃金龟

华北大黑鳃金龟多数 2 年 1 代，少部分个体 1 年 1 代，以成虫或幼虫在 80～100 cm 深的土层中越冬。以成虫越冬时，当春季 10 cm 土层地温上升到 14～15 ℃时开始出土，5 月中下旬开始产卵，6 月上旬至 7 月上旬为产卵盛期，6 月上中旬开始孵化，盛期在 6 月下旬至 8 月中旬，孵化的幼虫在土壤中为害。在 10 cm 土层地温低于 10 ℃以后，向土层深处移动，低于 5 ℃以后，全部进入越冬。以幼虫越冬的，翌年春季越冬幼虫开始活动为害，6 月初开始在土壤中化蛹，7 月初开始羽化，7 月下旬至 8 月中旬为羽化盛期，羽化后的成虫当年不出土，在土中潜伏越冬。

华北大黑鳃金龟以成虫、幼虫交替越冬。若以幼虫越冬，翌年春季危害重；若以成虫越冬，次年夏，秋季危害重。成虫昼伏夜出，白天潜伏于土层中和作物根际，傍晚开始出土活动。尤以 20—23 时活动最盛，午夜后相继入土。成虫具趋光性，对黑光灯趋性强。对有机肥和腐烂的有机物也有趋性。

（二）东北大黑鳃金龟

在北方地区 2 年完成 1 代，以成虫和幼虫在土层中越冬。越冬成虫 4 月间开始出土，交尾期长达 2 个月，交尾后 4～5 d 产卵。卵产于 5～12 cm 深的耕层土壤中，卵期 10～15 d。幼虫持续危害到 10 月，以后越冬。越冬幼虫翌年春季出土，危害小麦和春播作物，可持续至 6 月。老熟幼虫入土 15 cm 左右化蛹，化蛹盛期为 5—6 月。幼虫多发生于低湿地块和水浇地。

（三）暗黑鳃金龟

1 年发生 1 代，多以三龄老熟幼虫越冬，少数以成虫越冬。在地下潜伏深度为 15～40 cm，20～40 cm 深处最多。以成虫越冬的，翌年 5 月出土，持续发生到 9 月。以幼虫越冬的，一般春季不为害作物，4 月下旬至 5 月初化蛹，化蛹盛期在 5 月中旬，6 月初至 8 月中下旬为成虫发生期。成虫 7 月初开始产卵，直至 8 月中旬，7 月中旬卵开始孵化。下旬为孵化盛期，8 月中下旬为幼虫为害盛期。幼虫食性杂，三龄幼虫食量大，平均 1 头三龄幼虫可为害 10 株麦苗。11 月幼虫下潜越冬。

成虫食性杂，有群集习性，趋光性强。多昼伏夜出，傍晚出土，喜飞翔在高秆作物和灌木上，交尾后即飞往杨、柳、榆和桑等树上，取食中部叶片。成虫有假死性，遇惊落地，3～4 分钟后恢复活动。

雌虫产卵前期 14～26 d，产卵量 23～80 粒，最多 300 余粒。食物不同，成虫生殖力有明显差异。成虫在土壤中产卵，以 5～20 cm 深处最多。幼虫食性杂，可转移为害，造成植株成片死亡。

（四）棕色鳃金龟

在北方 2～3 年完成 1 代，以二三龄幼虫或成虫越冬，越冬成虫于 4 月上旬开始出土活动，4 月中旬为成虫发生盛期，延续到 5 月上旬。4 月下旬开始产卵，卵期平均 29.4 d，6 月上旬卵开始孵化，7 月中旬至 8 月下旬幼虫发育为 2～3 龄，10 月下旬下潜到 35～97 cm 深的土层中越冬，以 50 cm 以下土层越冬虫量大。翌年 4 月份越冬幼虫上升到耕层，为害小麦等作物的地下部分，7 月中旬幼虫老熟，下潜深土层做土室化蛹。8 月中旬成虫羽化，但当年不出土，直接越冬。第三年春季越冬成虫出土活动。

棕色鳃金龟成虫基本不取食，于傍晚活动，多于 19 时以后出土，出土后在低空飞翔，20 时后逐渐入土潜藏。成虫在地表觅偶交配，雌虫交配后约经 20 d 产卵，卵产于 15～20 cm 深土层内，单产。土壤含水量 15%～20%，最适于卵和幼虫的存活，幼虫为害期长，食量大。一头幼虫可为害 20～30 个小麦分蘖，造成缺苗断垄。

(五)黑皱鳃金龟

在北方 2 年完成 1 代,以成虫、3 龄幼虫和少数 2 龄幼虫越冬。越冬成虫于 3 月下旬气温上升到 10.4 ℃时零星出土,4 月上中旬气温升到 14 ℃时大量出土,发生期约 50 d。4 月下旬开始产卵,卵于 5 月下旬开始孵化,6 月下旬达孵化盛期。大部分幼虫于 8 月份发育为 3 龄,秋季为害到 11 月下旬,以后下潜越冬。翌年 3 月上旬当 10 cm 地温上升到 7 ℃以上时开始活动,地温 11 ℃时,绝大部分幼虫上升到地表为害,6 月上旬开始化蛹,6 月下旬开始羽化。成虫当年出土活动,温度降低后进入越冬。

黑皱鳃金龟成虫白天活动,以 12—14 时活动最盛。成虫取食小麦、玉米、高粱、棉花、苜蓿、薯类等多种作物的叶片、嫩芽、嫩茎,可咬断玉米、棉花的茎基部,造成缺苗。幼虫为害作物地下部分,能将整株麦苗拉入土中。1 头 3 龄幼虫 1 次可连续为害 5~8 株麦苗。

(六)钢绿丽金龟

在北方 1 年发生 1 代,少数以 2 龄幼虫,多数以 3 龄幼虫越冬。春季 10 cm 深处地温高于 6 ℃时,越冬幼虫开始向上活动,为害小麦及春播作物。5 月开始化蛹,5 月中下旬出现成虫。7 月上中旬是产卵期,7 月中旬至 9 月是幼虫为害期,10 月中下旬 3 龄幼虫开始向土壤深处迁移,至 12 月下旬多数在 51~75 cm 深处越冬。

每头雌虫产卵 50~60 粒,卵期 7~10 d。成虫有假死性,趋光性强,昼伏夜出。日落后开始出土,先行交配,然后取食。成虫害性杂,食量大,常将叶片全部吃光,主要为害杨柳、草果、梨等多种林木、果树的叶片,是林果树的重要害虫。幼虫在土中可为害多种作物的种子和幼苗。大多数种类的金龟甲成虫白天潜伏于土中或作物根际、杂草丛中,傍晚开始出土活动,前半夜活动最盛。成虫具假死性、趋光性和趋化性,粪便和腐烂的有机物有招引成虫产卵的作用。幼虫有 3 个龄期,全在土壤中度过,随土壤温度变化而上下迁移,其中,以 3 龄幼虫历期最长,为害最重。

土壤温湿状况对蛴螬的活动影响很大,一般说来,中等略低的温度较适宜,地温升高则趋于地表,地温降低则深入土层。以大黑鳃金龟为例,当 10 cm 土层地温 5~10 ℃时,蛴螬进入 20 cm 土层以下,地温降到 5 ℃以下,蛴螬在 80~120 cm 深处越冬,温度 22 ℃以上,上升到 10~20 cm 深处,温度 24~30 ℃时,则趋于距地表 3~5 cm 处活动。土壤湿度过高、过低都不利,土壤含水量 15%

～20％较适宜。另外，淤泥地虫口数量高于壤土地，壤土地高于沙土地。施用未腐熟农家肥的地块和管理粗放、杂草丛生的地块发生都重。

金龟甲的天敌很多，有鸟类、步行甲、食虫虻、土蜂、寄生螨、线虫、多种寄生性真菌、细菌和病毒等。

三、防治方法

（一）栽培防治

深耕翻犁，通过机械杀伤、暴晒、鸟类啄食等消灭蛴螬。施用腐熟农家肥，最好在施肥前，向粪肥均匀喷洒 2.5％敌百虫粉（粪与药的比例约 1 500∶1），避免带入幼虫和卵，或吸引金龟甲成虫产卵。冬灌或春、夏季适时灌水可淹死蛴螬或改变土壤通气条件，迫使其上升到地表或下潜。发生严重的地块可因地制宜地改种棉花、芝麻、油菜等直根系非嗜好作物，或行水旱轮作，以降低虫口密度。

（二）捕杀、诱杀成虫

成虫具有假死性，在盛发期，可摇动植株，使之落地后扑杀。利用金龟甲的趋光性，设置黑光灯诱杀。多种金龟甲喜食树木叶片，利用这种习性，可于成虫盛发期在田间插入药剂处理过的带叶树枝，来毒杀成虫。该法是取 20～30 cm 长的榆树、杨树或刺槐的枝条，浸入敌百虫的稀释药液中，或用药液均匀喷雾，使之带药，在傍晚插入田间诱杀成虫，还可用性诱剂诱杀成虫。

（三）药剂防治

1. 种子处理

50％辛硫磷乳油或 40％甲基异柳磷乳油，用种子重量 0.1％～0.2％的药量拌种，先用种子重量 5％～10％的水将药剂稀释，稀释液用喷雾器匀喷洒于种子上，堆闷 12～24 小时，待种子将药液完全吸收后播种。也可用 50％辛硫磷乳油 100～165 mL，加水 5～7.5 L，拌麦种 50 kg，堆闷后播种。用 48％毒死蜱乳油 10 mL，加水 1 L 稀释后拌麦种 10 kg，堆闷 3～5 h 后播种。

2. 土壤处理

防治幼虫可用有机磷杀虫剂毒土或颗粒剂，有多种施用方式。可播前单独或与肥料混合均匀施于地面，然后犁地翻入耕层中，也可在播种时施于播种沟内（不直接接触种子）。还可在苗期撒施地面，再浅锄混入浅土。

90％敌百虫晶体 1.4 kg 加少量水稀释后，喷拌 100 kg 细土，制成毒土，将毒土撒于播种穴中或播种沟中，但应注意毒土不要接触种子。2.5％敌百虫粉剂 2 kg，拌细土 20～25 kg，撒施根部附近，结合中耕埋入浅层土壤。

50%辛硫磷乳油每亩用250 mL，兑水1～2 L，拌细土20～25 kg制成毒土，耕翻时均匀撒于地面，随后翻入土中。3%辛硫磷颗粒剂每亩用4 kg或5%辛硫磷颗粒剂用2 kg，拌细土后在播种沟撒施。也可在苗期每亩用3%辛硫磷颗粒剂2～3 kg，顺行开小沟撒施入土，随即覆土。

各地采用的施药方法还有：3%甲基异柳磷颗粒剂，每亩施用1.5～2 kg，施于播种沟内。10%二嗪磷(地亚农)颗粒剂每亩用400～500 g拌10 kg毒土沟施。3%6氯唑磷(米乐尔)颗粒剂每亩用药2～25 kg，拌细土后均匀撒施植株根际附近。40.7%毒死蜱乳油150 mL，拌干细土15～20 kg制成毒土施用。

3. 浇根、喷雾

在发生严重地块，可用80%敌百虫可溶性粉剂100倍液，或50%辛硫磷乳油1 000～1 500倍液，或48%毒死蜱乳油1 500倍液进行灌根。也可进行地面喷粗雾，每亩喷药液40 kg。

防治成虫，在盛发期用80%敌百虫可溶性粉剂1 000倍液，或50%辛硫磷乳油1 000～1 500倍液喷雾。

第四节　黏　　虫

一、形态特征

(1)成虫。为淡黄褐色至淡灰褐色的蛾子，雌蛾体长18～20 mm，展翅宽42～45 mm，雄蛾体长16～18 mm，展翅宽40～41 mm。前翅淡黄褐色，有闪光的银灰色鳞片。前翅中央稍近前缘处有2个近圆形的黄白色斑，中室下角有1个小白点，其两侧各有1个黑点，从翅顶角至后缘末端1/3处有1条暗褐色斜纹，延伸至翅的中央部分后即消失。前翅外缘有小黑点7个。后翅基部灰白色，端部灰褐色。雌蛾体色较深，有翅缰3根，腹部末端尖，有生殖孔。雄蛾体色较深，前翅中央的圆斑较明显，翅缰只有1根，腹部末端钝，稍压腹部，露出一对抱握器。

(2)卵。卵粒馒头形，有光泽，直径约0.5 mm，表面有网状脊纹，初为乳白色，渐变成黄褐色，将孵化时为灰黑色。卵粒排列成行或重叠成堆。

(3)幼虫(图7-12)。老熟时体长36 mm左右，黑绿、黑褐或淡黄绿色。头部棕褐色、沿蜕裂线有褐色丝纹，呈"八"字形，全身有5条纵行暗色较宽的条纹，腹部圆筒形，两侧各有两条黄褐色至黑色，上下镶有灰白色细线的宽带，腹足基节有阔三角形黄褐色或黑褐色斑。幼虫 6 龄，各龄头壳宽度与体长渐增大。

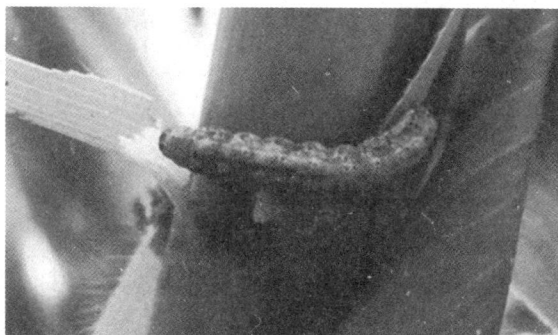

图 7-12　黏虫

（4）蛹。蛹体长约 19 mm，前期红褐色，腹部 5～7 节背面前缘各有排横齿状刻点。尾端有臀棘 4 根，中央 2 根较为粗大，其两侧各有细短而略弯曲的刺 1 根。在发育过程中，复眼与体色有明显变化，由红褐色渐变为褐色至黑色。

二、发生规律

黏虫是一种迁飞性害虫，无滞育现象，只要条件适合可连续繁殖和生长发育。各地 1 年发生 2～3 代至 6～8 代不等，发生代数随纬度或海拔降低而递增。

我国东部大致以北纬 33°（1 月 0 ℃等温线）为界，此线以北不能越冬，每年虫源均从南方随气流远距离迁飞而来。此线以南至北纬 27°以北，以幼虫和蛹越冬，北纬 27°线以南冬季可持续发生。华南发生 6～8 代，华中 5～6 代，江淮 4～5 代，华北南部 3～4 代，东北、华北北部 2～3 代。

黏虫在我国每年大迁飞 4 次，春、夏季多从低纬度向高纬度，或从低海拔向高海拔地区迁飞，秋季从高纬度向低纬度，或从高海拔向低海拔地区迁飞。各地除了当地虫源外，还要关注虫源的迁入或迁出。

成虫需补充营养，喜食花蜜，对甜酸气味和黑光灯趋性很强。白天多栖息在隐蔽的场所，黄昏后活动取食，交尾和产卵。成虫产卵适温为 15～30 ℃，相对湿度在 90％左右。雌蛾产卵具有较强的选择性，喜欢在生长茂密的禾谷类作物田产卵，在小麦上多产于上部 3～4 片叶的尖端、枯黄叶片上或叶鞘内。卵粒排列成行，并分泌出胶汁黏结成块。每块卵一般数 10 余粒，多者数百粒。1 头雄蛾可产卵 1 000～2 000 粒，最多可达 3 000 余粒。

幼虫共有 6 个龄期，一至二龄幼虫聚集危害，有吐丝下垂习性，随风飘散或爬行至心叶或叶鞘中取食，但食量很小，啃食叶肉残留表皮，造成半透明的小条斑。三龄后食量大增，开始食害叶片边缘，咬成不规则缺刻，密度大时将叶肉吃光只利主脉。五至六龄幼虫为暴食阶段，蚕食叶片，啃食穗轴，食量占幼虫期总食量85％以上，因而防治黏虫应在三龄前进行。幼虫在夜间活动较多。有假死性，一经触动，蜷缩在地，稍停后再爬行为害。大发生年份虫口密度大时，四龄以上幼鱼可群集转移为害。幼虫老熟后停止取食，顺植株爬行下移至根部，入土3～4 cm深，作土茧化蛹。

黏虫抗寒力较低，在0 ℃条件下，各虫态分别在30～40 d后即行死亡。－5 ℃时仅有数天生存能力。黏虫也不耐35 ℃以上的高温。各虫态适宜的温度在10～25 ℃，适宜的大气湿度在85％以上。降雨有利于黏虫发生；高温干旱不利于黏虫发生；水肥条件好、生长茂密的农田，黏虫重发；增施肥料，加大种植密度，实行灌溉，扩大间作套种面积等栽培措施都有利于黏虫发生。

黏虫的天敌种类很多，重要的有金星步行虫、黑卵蜂、绒茧蜂、姬蜂、蜘蛛和鸟类等，对黏虫的发生有一定的自然控制作用。

三、防治方法

(一)人工诱虫、杀虫

利用成虫对糖醋液的趋性，从成虫羽化初期开始，在田间设置糖醋液诱虫盆，诱杀尚未产卵的成虫。糖醋液配比为红糖3份、白酒1份、食醋4份、水2份，加90％晶体敌百虫少许，调匀即可。配置时先称出红糖和敌百虫，用温水溶化，然后加入醋、酒。诱虫盆要高出作物30 cm左右，诱剂保持3 cm深左右，每天早晨取出蛾子，白天将盆盖好，傍晚开盖，5～7 d换诱剂1次。成虫趋光性强，可设置黑光灯诱杀。

还可用杨枝把或草把诱虫。杨枝把制作方法简单，取几条1～2年生叶片较多的杨树枝条，剪成约60 cm长，将基部扎紧就制成了杨枝把，阴干1 d，待叶片萎蔫后便可倒挂在木棍或竹竿上，插在田间，在成虫发生期诱蛾。

草把用来在成虫发生期诱蚜，在产卵期诱蛾产卵。将制好的小谷草把或稻草把插在田间，也可在草把上洒糖醋液，每2～3 d换1次，将换下的草把烧毁。

在卵盛期，可顺垄人工采卵，连续进行3～4遍，及时消灭采摘的卵块，在大发生年份，如幼虫虫龄已大，可利用其假死性，击落捕杀或挖沟阻杀，防止幼虫迁移。

(二)药剂防治

根据虫情测报，在幼虫三龄前及时喷药。用苯甲酰脲类杀虫剂有利于保护天敌。20％除虫脲(灭幼脲1号)悬浮剂，每亩用10 mL，25％灭幼脲(灭幼脲3号)

悬浮剂每亩用 25～30 g。

常量喷雾加水 75 L，用喷雾机喷洒加水 12.5 L。

喷雾法施药还可用 80％敌百虫可溶性粉剂 1 000～1 500 倍液，或 80％敌敌畏乳油 2 000～3 000 倍液，或 50％马拉硫磷乳油 1 000～1 500 倍液，或 50％辛硫磷乳油 1 000～1 500 倍液，或 20％灭多威乳油 1 000～1 500 倍液，或 2.5％溴氰菊酯（敌杀死）乳油 3 000～4 000 倍液，或 20％氰戊菊酯（速灭杀丁）乳油 2 000～3 000 倍液，或 25％氧乐·氰乳油 2 000 倍液等。

喷粉法施药可用 25％敌百虫粉，每亩喷 2～2.5 kg，还可用 50％辛硫磷乳油 0.7 kg 加水 10 L，稀释后拌入 50 kg 煤渣颗粒，顺垄撒施。

第五节　麦　　蚜

一、形态特征

麦蚜进行两性生殖和孤雌生殖，后者不经两性结合，不发生受精过程，而由雌性的非受精卵直接发育成新一代雌性个体（孤雌蚜）。麦蚜的卵在母体内完成发育并孵化，直接产出若虫，这一现象称为"孤雌胎生"。无翅孤雌蚜（无翅胎生雄蚜）和有翅孤雌蚜（有翅胎生雌蚜）是麦田最常见的虫态。

（一）麦长管蚜（图 7-13）

(1) 无翅孤雄蚜。体长 31 mm，宽 14 mm，长卵形，草绿色至橙红色。头部略显灰色，腹部两侧有不甚明显的灰绿色斑，腹部 6～8 节及腹面其明显横网纹。复眼鲜红色。中额微隆，额瘤明显外倾。触角细长，为体长的 0.88 倍，黑色，1～4 节光滑，5～6 节显瓦纹，第三节基部有圆形次生感觉圈 1～4 个。喙粗大，超过中足基节。腹管黑色，长圆筒形，长度为体长 1/4，端部 1/3～1/4 部分有网纹。尾片长圆锥形，长度为腹管的 1/2，近基部 1/3 处收缩有圆突构成横纹，有曲毛 6～8 根。尾板末端圆形，有长短毛 6～10 根。足淡绿，腿节端部、胫节端部及跗节黑色。

(2) 有翅孤雌蚜。体长 3.0 mm，宽 1.2 mm，椭圆形，绿色。复眼鲜红色。触角黑色，与体等长，第三节有 8～12 个圆形感觉圈，排成一行。喙不达中足基节。腹管长圆筒形，黑色，端部具 15～16 行横行网纹。尾片长圆锥状，有 8～9 根长毛。尾板毛 10～17 根。前翅中脉三分叉。

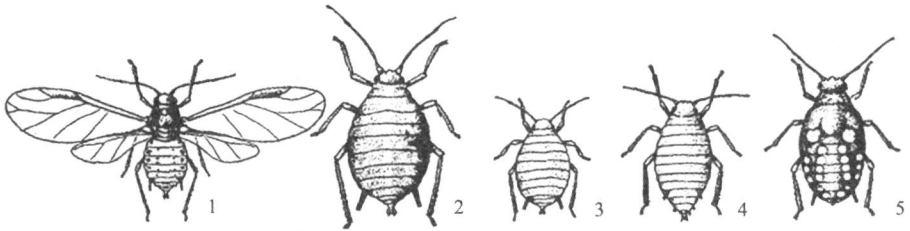

1. 有翅胎生雌虫；2. 大型无翅胎生雌虫；3. 小型无翅胎生雌虫；4. 干母；5. 有翅若虫

图 7-13　麦长管蚜

（二）麦二叉蚜

（1）无翅孤雌蚜。体长 1.4～2.0 mm，卵圆形，淡绿色，背中线深绿色。复眼漆黑色。中额瘤稍隆，额瘤稍高于中额瘤。触角大部黑色，6 节，全长为体长的 2/3，有瓦纹。喙长超过中足基节，端节粗短，长为基部宽的 6 倍。腹管淡黄绿色，短圆筒形，长度为体长的 16%，表面光滑，端部黑色。尾片长圆锥形，长为基部宽的 1.5 倍，有长毛 5～6 根。尾板末端圆，有毛 8～19 根。

（2）有翅孤雌蚜。体长 1.8～2.3 mm；头、胸部灰黑色，腹部绿色，腹背中央有深绿色纵纹。触角大部黑色，6 节，较体长略短，为体长的 77%，第三节有感觉圈 4～10 个，在外缘排成一列。腹管圆筒形。除末端暗色外，其余为绿色。前翅中脉分二叉。

（三）禾谷缢管蚜（图 7-14）

（1）无翅孤雌蚜。体长 1.9 mm，宽卵形；橄榄绿至黑绿色，嵌有黄绿色纹，被有白色薄粉。复眼黑色。中额瘤隆起额瘤高于中额瘤。触角 6 节，黑色，长度为体长的 70%。喙粗壮较中足基节长，长是宽的 2 倍。腹管黑色，圆筒形，为体长的 14%，顶部收缩，有瓦纹，基部四周具锈色纹。尾片长圆锥形，中部收缩，具曲毛 4 根。

图 7-14　禾谷缢管蚜

(2)有翅孤雌蚜(图 7-15)。体长 2.1 mm，长卵形。头、胸黑色腹部深绿色，腹部 2～4 节有大型绿斑，第七、第八腹节背中有横带。触角第三节具圆形状生感觉圈 19～28 个，第四节有 2～7 个。腹管黑色。前翅中脉三分叉。

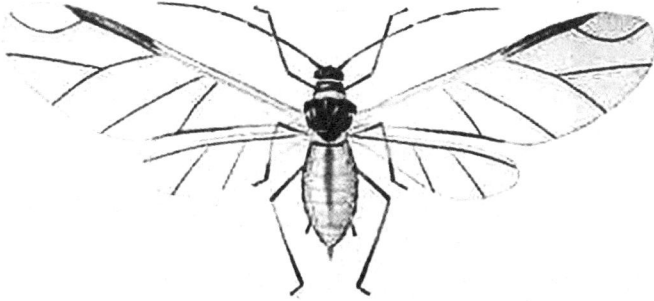

图 7-15　有翅孤雌蚜

(四)麦无网长管蚜

(1)无翅孤雌蚜。体长 2.5 mm，纺锤形，蜡白色，体表光滑。复眼黑紫色。中额瘤显著，额槽浅宽。触角细长，为体长的 76%，6 节，有瓦纹，第三节有小圆形感觉圈 1～3 个，分布在基部；喙粗短，可达中足基节。腹管蜡白色，顶端较暗，长圆筒形，长度为体长的 17%，端部无网状纹，基部几乎与端部同宽。尾片舌形，基部收缩，有刺突、瓦纹和粗长毛 7～9 根。尾板末端圆形，有毛 8～10 根。

(2)有翅孤雌蚜。体长 23 mm，纺锤形，蜡白色，头、胸黄色。触角大部黑色，第三节有 10～20 个小圆形感觉圈，在全节外缘成一列。腹管长圆筒形，约与触角第五节等长。喙粗短，不达中足基芒；尾片毛 6～9 根，尾板毛 9～14 根。翅脉三分叉。

二、发生规律

麦蚜的生活史很复杂，有 3 种类型：异寄主全周期型，同寄主全周期型和不全周期型。麦蚜还有远程迁飞习性，虫情变化动态复杂。田间可能出现蚜量突然增加或突然减少等现象。

(一)麦长管蚜

1 年发生 20～30 代，因地而异。在我国中部和南部，生活史属不全周期型，全年进行孤雌生殖，不产生性蚜世代。以无翅孤雌成蚜和若蚜，在麦林根际或四周土块缝隙中越冬，在背风向阳的麦田中还可继续活动。春季麦苗返青后，气温高于 6 ℃开始繁殖，高于 16 ℃，虫口数量迅速上升。抽穗后转移至穗部为害，灌浆和乳熟期田间蚜量达到高峰期。气温高于 22 ℃，产生大量有翅蚜，迁飞到冷凉地带越夏。多在高海拔地区自生麦苗、禾本科杂草、荠菜上存活越夏。秋季冬小麦出苗后，又从越夏寄主上迁入麦田进行繁殖，出现秋季小高峰，但危害不如春季严重。11 月中下旬后，随气温下降开始越冬。

麦长管蚜在 1 月低于 0 ℃的地区不能越冬。在 7 月 26 ℃等温线以南地区不能越夏。在北部、西部冬小麦、春小麦混种地带，仍主要进行孤雌生殖，但可发生一次有性生殖，为同寄主全周期型。孤雌蚜多于 9 月迁入冬小麦田，10 月上旬均温降到 14～16 ℃后，进入发生盛期。9 月底陆续出现雄性蚜和雌性蚜，交配后在小麦上产卵，11 月中旬均温 4 ℃时，进入产卵盛期，以卵越冬。翌年 3 月中旬，进入越冬卵孵化盛期，历时 1 个月。越冬卵孵化产生干母，最终产生孤雌蚜。春季先在冬小麦上为害，4 月中旬开始迁移到春小麦上，都在穗期进入为害高峰期。6 月中旬产生有翅孤雌蚜，迁飞到冷凉地区越夏。

麦长管蚜在小麦各生长发育阶段均发生为害，但主要为害穗部，使小麦产量和品质严重降低。抽穗前多在上、中部叶片上活动，受害叶片出现褐色斑点或斑块。麦长管蚜耐湿喜光，适宜大气相对湿度为 50%～80%，多分布在年降水量 500～700 mm 的麦区。但大雨对蚜体有冲刷杀灭作用，将使蚜量明显下降。该蚜不耐低温和高温，在 8 ℃以下活动甚少。日均温 16～25 ℃为适宜温度，16.5～20 ℃最适，28 ℃以上生育停滞。

(二)麦二叉蚜

麦二叉蚜生活习性与麦长管蚜相似，1 年发生 20～30 代，具体代数因地而异。在北纬 36 ℃以北较冷的麦区，多以卵在麦苗枯叶上、土缝中或多年生禾本科杂草上越冬，生活史属同寄主全周期型。在我国中部和南部，全年进行孤雌生殖，以无翅孤雄成蚜和若蚜，在麦株基部叶鞘、心叶内或四周土块缝隙中越冬，在背风向阳的麦田中还可继续取食活动，生活史属不全周期型。

以冬、春麦混种区为例，在秋苗出土后，蚜虫即开始迁入麦田繁殖，在三叶期至分蘖期出现一个小高峰。11 月上旬以卵在冬麦田残茬上开始越冬，翌年 3 月上中旬越冬卵孵化，在冬麦上繁殖几代后，有的以无翅胎生雌蚜继续繁殖，有的产生有翅胎生蚜在 4 月中旬迁入春麦田，5 月上中旬大量繁殖，出现危害高峰期，并可引起黄矮病流行。

麦二叉蚜喜干旱，适宜相对湿度为 35%～67%，是年降水量 250 mm 以下地区的优势种，在年降水量增高，但低于 500 mm 的地方，与麦长管蚜混合发生，在大发生年份则为优势种。麦二叉蚜畏光，成株期多在麦株中下部叶片背面危害。受害叶片出现黄色枯斑。该蚜较耐低温，早春活动早，旬均温 3 ℃左右，卵开始发育，5 ℃左右孵化，13 ℃可产生有翅蚜。孤雌蚜在 5 ℃就可以发育和繁殖。在适宜条件下，繁殖力强，发育历期短。通常麦二叉蚜主要发生在扬花期前，在小麦拔节、孕穗期虫口密度迅速上升。

（三）禾谷缢管蚜

1 年发生 10～20 代。在北方寒冷地区，禾谷缢管蚜生活史为异寄主全周期型。以受精卵在稠李、桃、李、梅、榆叶梅等李属植物（第一寄主）上越冬，翌年春季越冬卵孵化为干母，以后干母胎生无翅雌蚜，即干雌。干雌繁殖几代后，产生有翅雌蚜。初夏，有翅雌蚜迁到小麦或其他禾本科植物（第二寄主）上繁殖危害，持续孤雌生殖，产生无翅孤雌蚜和有翅孤雌蚜。寄主衰老后，产生有翅蚜（性母），迁回越冬寄主，性母产生雌性蚜、雄性蚜，两者交配后产卵越冬。

在我国中部、南部各麦区，禾谷缢管蚜不产生有性世代，全年在禾本科植物上孤雌生殖，属不全周期生活史。在冬麦区或冬麦、春麦混种区，秋末冬小麦出苗后，禾谷缢管蚜为害秋苗，继而以无翅孤雌成蚜和若蚜在麦苗根部、近地面叶鞘和土缝内越冬，若天气暖和仍可活动，春季继续为害小麦，麦收后转移到自生麦苗、玉米、谷子、糜子、禾本科草上危害。秋季迁回麦田繁殖危害。

禾谷缢管蚜春季先在麦苗下部叶鞘、叶背危害，孕穗以后转移到麦株上部和麦穗上繁殖危害。在 30 ℃左右发育最快，不耐低温，在 1 月平均气温为 −2 ℃的地方就不能越冬。喜高湿，不耐干旱，不适于在年降水量低于 250 mm 的地区发生。

（四）麦无网长管蚜

麦无网长管蚜在北方冬季寒冷地区，生活史也是异寄主全周期型。在蔷薇属植物上产生性蚜，交配产卵越冬。春季越冬卵孵化为干母，干母产生干雌，干雌产生有翅雌蚜，迁移到小麦或其他禾本科植物上生存和繁殖，持续孤雌生殖，产生无翅孤雌蚜和有翅孤雌蚜。寄主衰老后，迁回越冬寄主，产生雌、雄性蚜，交配后产卵越冬。在气候温暖的地区则不产生有性世代，全年在禾本科植物上孤雌生殖，生活史属不全周期型。

麦无网长管蚜以危害小麦叶片为主，常分布于密植丰产田麦株中下部叶片正面，被吸食的叶片无明显斑痕。麦无网长管蚜最不耐高温，在 7 月平均气温高于 26 ℃，或年均温高于 12 ℃的地方不能越夏，需迁移到夏季较冷凉的地方越夏。

（五）种群消长的影响因素

麦蚜消长受气象条件、寄主营养和栽培条件、天敌等多种因素及其互作用的影响。

在食料充足时，蚜量消长首先受温度所制约。在适温范围内，随温度上升，世代历期缩短，繁殖速率加快，繁殖量增大。湿度和降水的影响因麦蚜种类而异。麦二叉蚜常灾区年降水量在 250 mm 以下；麦二叉蚜多灾区年降水量在 500 mm 以下；麦二叉蚜和麦长管蚜易灾区年降水量 500～750 mm，但冬春少雨易旱；麦长管蚜易灾区年降水量为 750～1 000 mm，多在穗期成灾。暴风雨对麦蚜有直接的杀伤作用，导致蚜量剧降，麦长管蚜多分布在植株上部和叶片正面，受风雨影响尤为严重。

麦蚜可随气流有规律地南北迁飞，3—6 月随西南气流北迁，8—10 月随西北或东北气流南迁。有翅蚜迁出高峰期，一般都在小麦乳熟至黄熟阶段，迁入高峰处于抽穗扬花期。从华南冬麦区至东北春麦区，随着纬度变化，小麦各生育时期相互衔接，为麦蚜迁入后提供了良好的营养条件。在西部不同海拔的区域，麦蚜亦存在垂直方向上的季节性迁移现象。麦蚜数量的变动，除了当地种群消长外，还因迁入或迁出增减变化。

麦蚜种群动态与寄主营养条件关系密切，寄主营养条件改善，麦蚜种群密度逐渐增加，营养条件恶化，麦蚜密度亦随之下降，且有翅蚜比例上升。一般说来，长势好的麦田发蚜早，麦蚜密度也最大，但麦蚜种类之间也有不同。早春麦二叉蚜在长势差的麦田发生最多，麦长管蚜以长势一般的麦田发生最重，禾谷缢管蚜在长势好的麦田严重，麦蚜种群数量变动与小麦栽培条件有密切关系。秋季早播麦田蚜量多于晚播麦田，春季则晚播麦田蚜量多于早播麦田。在耕作细致的秋灌麦田中，蚜虫不易潜伏，易冻死，虫口密度较低，但春季水浇田因麦苗生长旺盛，生育期推迟，蚜量多于旱田。

麦蚜天敌种类多，主要有七星瓢虫、异色瓢虫、多异瓢虫、龟纹瓢虫、十三星瓢虫、食蚜蝇幼虫、草蛉幼虫、草间小黑蛛、拟环纹狼蛛和蚜茧蜂等，尤以瓢虫、食蚜蝇和蚜茧蜂最重要。天敌对蚜虫群体消长有重要作用。若天敌与麦蚜的比例，大于平衡状态的益害比，蚜虫种群数量逐渐下降，反之，蚜虫种群数量就会上升。

三、防治方法

应协调应用各种防治措施，充分发挥天敌的自然控制能力，科学用药，实施综合防治。

（一）栽培防治

调整作物布局，在西北麦二叉蚜和黄矮病发生区，需缩减冬小麦面积，扩种春小麦。在南方禾缢管蚜发生严重的地区，减少夏玉米的播种面积，在华北推行冬小麦与油菜、绿肥间作，以扩大和保护天敌资源，控制蚜害。要及时清除田间杂草与自生麦苗，减少麦蚜的适生地和越夏寄主。冬小麦适期晚播，旱地麦田在冬前、冬后进行碾磨，保墒护根，可压低越冬虫源，碾磨还有利小麦生长。在黄矮病流行区，要着力提高栽培水平，改旱地为水地，深翻，增施氮肥，合理密植，控制麦二叉蚜和黄矮病。还要因地制宜选用抗麦蚜混合种群或者抗黄矮病的品种。

（二）生物防治

要慎重选择防治药剂，应用对天敌安全的选择性药剂，如抗蚜威、吡虫啉、生物源农药等，要改进施药技术，调整施药时间，减少用药次数和数量，避开天敌大量发生时施药。根据虫情，挑治重点田块和虫口密集田，尽量避免普治，以减少对天敌的伤害。

（三）药剂防治

在黄矮病重病区需早期治蚜控制黄矮病发展，防治指标可适当从严，一般掌握在小麦拔节期百株蚜量在 10 头以上，有蚜株率 5％以上，在拔节至孕穗期连续喷药 2～3 次。黄矮病轻病区，轻病年份防治指标可适当放宽，尽可能以点片挑治为主。在非黄矮病流行区，要重点防治穗期麦蚜。根据田间调查结果，若天敌单位与蚜虫数比例（益害比）大于 1：150，一般不需防治；若天敌单位与蚜虫数比例小于 1：150，其他条件适宜时，可参考采用下列防治指标：苗期百株蚜量 500 头，穗期 800 头。

防治麦蚜的有效药剂较多，要轮换使用，防止蚜虫产生抗药性。常用药剂每亩的用药量如下：50％抗蚜威可湿性粉剂 10～15 g，或 10％吡虫啉可湿性粉剂 20 g，或 24％抗蚜·吡虫啉可湿性粉剂 20 g，或 40％毒死蜱乳油 50～75 mL，或 25％吡蚜酮可湿性粉剂 16～20 g，或 3％啶虫脒可湿性粉剂 10～20 g（南方）或 30～40 g（北方），或 2.5％高渗高效氯氰菊酯乳油（辉丰菊酯）25～30 mL，或 4.5％高效氯氰菊酯 40 mL。皆加水 30～50 L 常量喷雾，也可加水 15 L，用机动弥雾机低容量喷雾。

抗蚜威为氨基甲酸甲酯类选择性杀虫剂，具有触杀、熏蒸和渗透叶面作用。杀虫迅速，施药后数分钟即可杀死蚜虫。对蚜虫（棉蚜除外）高效，对蚜虫的扑食性天敌和寄生性天敌，如瓢虫、食蚜虻、草蛉、步行甲、蚜茧蜂等基本无伤害。20 ℃以上时熏蒸作用较强，在 15～20 ℃熏蒸作用随温度下降而迅速减弱，15 ℃以下无熏蒸作用。

还可混合使用不同成分的药剂，例如啶虫脒＋高效氯氟氰菊酯、抗蚜威＋啶虫脒等。折算每亩的用药量，前者为3％啶虫脒乳油20 mL＋2.5％高效氧氟氰菊酯乳油10 mL，后者为50％抗蚜威可湿性粉5 g＋3％啶虫脒乳油20 mL，皆在小麦蚜虫始盛期喷雾施用。

在干旱缺水地区，若难以喷雾施药，可使用毒土。40％乐果乳油每亩可用50 mL，加水1～2 L，拌细沙土15 kg，或用80％敌敌畏乳油75 mL，拌土25 kg，制成毒土，于小麦穗期清晨或傍晚撒施。

第六节　小　麦　叶　蜂

一、形态特征

(1)成虫(图7-16)。为黑色微带蓝光的蜂子，雌体长约9 mm，雄体略小。头黑色，有网状花纹，复眼突出，触角线状，9节，第三节最长，雌虫触角短于腹部，雄虫的与腹部等长。体大部为黑色，前胸背板、中胸前盾片前叶、两侧叶以及翅基片锈黄色，小盾片黑色，后胸背面两侧各有一白斑。前后翅膜质透明，翅痣和翅脉黑褐色。足黑色。

图 7-16　小麦叶蜂

(2)卵。扁平，肾形，尺度为1.8 mm×0.6 mm，淡黄色，表面光滑。

(3)幼虫。共5龄，老熟幼虫体长20 mm左右。圆筒形，胸部较粗腹末较细。头部黄褐色，每侧各有1个黑色圆形眼斑，侧眼生于其中。胸、腹部黄绿色，体背暗蓝色，背中有1条绿纵线。胸、腹各节均有横皱纹。

(4)蛹。裸蛹，雌蛹长9.8 mm，雄蛹9 mm，头胸部粗大，腹部细小，末端分叉。初化蛹时淡黄绿色，羽化前棕黑色，胸部背面锈黄色部分与成虫相同。

国内发生的近似种类还有大麦叶蜂、黄麦叶蜂、浙江麦叶蜂等。后者又称为红背麦叶蜂。

二、发生规律

1 年发生 1 代，以蛹在土茧内于深 20 cm 左右的土层内越冬。翌年春季最早于 2 月下旬羽化，3 月中旬为成虫盛发期。成虫在麦田产卵，卵期约 20 d，幼虫期 42 d 左右。4 月上旬至 5 月初是幼虫危害盛期，5 月中旬以后老熟幼虫陆续入土，作土茧越夏。至 9—10 月才蜕皮化蛹越冬。

成虫白天活动、交尾和产卵，飞翔力不强，夜晚或阴天潜伏在麦株根际或浅土中。交尾后 3～4 min，雌虫即开始产卵。卵多产于新展开叶片的叶背主脉两侧组织中，叶面上出现长 2 mm，宽 1 mm 的突起。每叶产卵 1～2 粒或 5～6 粒，连成一串。幼虫共 5 龄，1～2 龄幼虫日夜取食麦叶，3 龄后畏惧强光，白天潜伏在麦丛里或附近土表下，傍晚开始食害麦叶。4 龄后食量大增，可将整株麦叶吃光。幼虫有假死性，稍遇震动即行落地，缩成一团。

冬季温暖，土壤内水分充足，3 月雨量较少，有利于小麦叶蜂发生，而冬季寒冷，土壤干旱，成虫羽化期又降大雨，则发生较轻。沙性土壤麦田比黏性土壤受害重。

三、防治方法

1. 栽培防治

分别在播种前和麦收后深耕整地，破坏其越冬土茧或消灭在土层滞育夏眠的幼虫。有条件的地区实行水旱轮作，稻麦倒茬。

2. 人工捕捉

利用幼虫假死性，傍晚持脸盆顺麦垄敲打，将其振落在盆中捕捉杀死。

3. 药剂防治

在幼虫 3 龄前施药防治。最好在傍晚或上午 10 时以前喷药可喷施 40％乐果乳油 1 500～2 000 倍液，或 50％辛硫磷乳油 1 500 倍液，或 5％溴氰菊酯乳油 4 000～6 000 倍液。另外，10％氯氰菊酯(赛渡凯)乳油每亩用 30～40 mL，加水 40 L 喷雾，复配制剂 1％阿维·高氧乳油，每亩用 50～70 mL，加水 30～40 L 喷雾。也可施用 1.5％乐果粉或 2.5％敌百虫粉，每亩用药 1.5～2 kg，拌细土 20～25 kg，拌匀后顺麦垄撒施。

第七节 麦蜘蛛类

一、形态特征

螨类，体型微小，圆形或椭圆形，红色，分节不明显，不能区分头、胸、腹，身体的前、中、后部分别称为腭体段、肢体段（前足体、后足体）和末体段。无限或只有1～2对单眼，无触角、无翅，有足4对。变态经过为卵、幼螨、若螨和成螨等阶段。

（一）麦圆叶瓜螨

（1）成螨。体卵圆形，体长0.60～0.98 mm，体乌黑色或深红色，背面有横刻纹8条，在第二对足基部背面两侧各有1个圆形小眼点，体背后部有隆起的肛门。足4对，第一对足最长，第四对足次之，第二、第三对足最短，且几乎等长。足和肛门周围红色。

（2）卵。长椭圆形，极小，长约0.2 mm，初产时暗红色，后变淡红色，外被白色胶质。卵表面有五角形网纹。

（3）幼螨，若螨。初孵幼螨有足3对，等长。体初为淡红色，后渐变为草绿色至深黑褐色。体背有横刻纹4条。幼螨蜕皮后成第一若螨，第二次蜕皮后成为第二若螨，两者皆有足4对，第二若螨体长约0.5 mm，体型比成螨小，体色由淡红色逐渐转至深黑色，肛门红色。

（二）麦岩螨

（1）成螨。雌螨体长0.62～0.85 mm，阔椭圆形，身体大部分墨绿色，腭体段、前肢体段和后肢体中央，躯体腹面中央部分以及4对足为橙红色。体背具不甚明显的指纹状刻纹，背刚毛13对，纺锤形，具有茸毛。足4对，细长，第一对特别长，等于或超过体长，也超过第二、第三对足长度的2倍；第二、第三对足等长，皆短于体长的1/2；第四对足长于体长的1/2。雄螨体长约0.46 mm，梨形。背刚毛短，具茸毛。

（2）卵。非休眠（非滞育）卵，长约0.15 mm，圆球形，橙红色，表面有10多条隆起条纹。休眠（滞育）卵长0.19 mm，圆球形，橙红色，表面被覆白色蜡状物，顶端向外扩张，形似倒放的草帽，顶面上有放射状条纹约27条。

（3）幼螨、若螨。幼螨体圆形。体长、体宽皆为0.5 mm，初为鲜红色，取食后变暗褐色，足3对。第一若螨和第二若螨足4对，似成螨。

二、发生规律

(一)麦圆叶爪螨

1年发生2~3代，以卵和成螨在麦根附近或杂草上越冬。翌年2月中下旬成螨开始活动，越冬卵也陆续孵化。3月下旬至4月上旬田间虫口密度最大，是为害盛期，以后气温升高，即开始产卵越夏，至夏收时成螨已很少见。越夏卵多产于麦根部和分蘖茎丛中。10月中旬小麦秋苗出土后，越夏卵陆续孵化，为害麦苗。在秋苗上可完成一代，11月上旬出现成螨，并陆续产卵，12月后潜入麦苗根际越冬。

成螨、若螨行动活泼，爬行速度快，有群集危害的习性。稍受惊动便迅速向下爬行或落入土面，隐藏于根际或土缝内。3~4月多在9时以前、16时以后在麦株上活动为害，尤其是傍晚活动最盛。但阴天、温度较低的日子，以及冬季天气晴暖的日子，多在中午前后到麦株上活动。早、晚潜伏于麦株基部或土缝中。

麦圆叶爪螨行孤雌生殖，每雌产卵20~160粒，平均32粒，常连成一串。春季多产卵于分蘖茎上和干枯叶基部，少数产于根际土块上，越夏卵多产于麦茬和附近土块上，秋季卵多产于麦苗、杂草根部土块和枯叶的基部。麦圆叶爪螨性喜阴凉湿润，惧干热，旬均温8~15℃最适于生存和繁殖。不耐高温，当气温稳定在20℃以上时，虫口数量急速下降。低洼地、水浇地、地下水位高的麦田和通风透光差的密植麦田发生重。抗寒性较强，一般年份均可安全越冬。秋雨多，春季阴凉多雨年份严重发生。

除小麦外，麦圆叶爪螨还危害大麦、黑麦、豌豆、蚕豆、甜菜、莴苣、马铃薯、油菜、白菜等多种作物以及杂草。

(二)麦岩螨

1年发生3~4代，主要以成螨和卵在麦田土块下、土缝中越冬。冬季温暖的中午，越冬成螨仍可取食活动。翌年2—3月，月平均气温在8℃左右时，越冬成螨开始活动为害。越冬卵于3月开始孵化，至4月上旬完成第一代。第二代发生于5月上旬，第三代发生于5月下旬至6月初。4月中旬至5月上旬，正值小麦孕穗至抽穗期，田间虫量最多，为害最重。小麦生长后期，气温上升，螨量下降，第三代螨产休眠卵越夏。秋苗出土后，越夏卵陆续孵化，在秋苗上完成一代，12月以后产越冬卵或以成螨越冬。部分越夏卵也能直接越冬。

成螨、幼螨皆喜群居，有假死性和避光性，多在叶背取食，遇震动即坠落地面。中午前后活动最盛，但温度过高时则潜伏在土粒下，遇风雨也入土潜伏。在田间靠自主爬行或随风传播扩散。

麦岩螨以孤雌生殖为主，很少见雄螨。产卵于麦田土块、石块、秸秆或干叶上，休眠卵多产于树木的树皮缝隙内，越冬卵产于小麦根际和土壤缝隙间。

麦岩螨喜干燥温暖，最适温度为 14～20 ℃，最适湿度在 50％以下。多分布于干旱少雨的旱塬区，向阳干燥的地块发生较重。冬季及春季干旱，气温偏高的年份常常大发生，小麦苗期严重受害。若 3—5 月降雨量高，降雨集中，发虫量显著降低。麦岩螨的寄主植物除小麦外，还有大麦、燕麦、豌豆、大豆、棉花、多种果树、树木与杂草。

三、防治方法

(一)栽培防治

因地制宜，实行轮作，避免小麦多年连作；麦收后耕翻灭茬，消灭越夏卵，压低秋苗虫口密度；冬春灌溉时振动麦株，并在入水口搅动流水，使水带泥浆，使虫体落水沾泥死亡；早春耙耱灭虫；加强肥水管理，培育壮苗，减少三类苗。

(二)药剂防治

达到防治指标的麦田每亩可用 1.8％阿维菌索乳油 8～10 mL，加水 40 L 喷雾，或用 1.8％阿维菌索乳油 1 500 倍液，加用 40％乐果乳油 800 倍液喷雾。此外，也可喷施 20％双甲脒(螨克)乳油 1 500～2 000 倍液，或 20％哒螨灵可湿性粉剂 2 000～3 000 倍液，或 15％哒螨灵(扫螨净)可湿粉剂 2 000 倍液等。还可用 1.5％乐果粉，每亩用 1.5～2 kg 喷粉，或掺细土 30 kg 拌匀后撒施。

防治指标多定为 33.3 cm 行长有虫 200 头。有人认为应制定分期防治指标。例如，2 月下旬 33.3 cm 行长有虫 50 头，3 月上旬有虫 100 头，3 月中旬有虫 120～150 头，以在作物受到损失前尽早防治为好。

第八章　麦田杂草及其防治技术

第一节　麦田主要杂草种类

一、麦田阔叶杂草

属双子叶植物，草本或木本，胚有2片子叶，叶形较宽，有叶柄，叶脉网状，直根系。双子叶杂草的种子有大粒和小粒两种，大粒者直径2 mm，发芽深度可达5 cm，小粒者种子直径小于2 mm，发芽深度0~2 cm。

1. 播娘蒿（图8-1）

形态特征：十字花科一年生或二年生草本植物，分布广泛，是麦田主要恶性杂草之一。成株株高80~100 cm。茎直立，圆柱形，密生白色长卷毛和分枝状短柔毛，上部多分枝。叶互生，下部叶有柄，上部叶无柄。叶片2~3回羽状深裂，最终裂片窄条形或条状矩圆形，叶背多毛。总状花序顶生，花梗细长，花小，多数，淡黄色，直径约2 mm，萼片4片，早落，花瓣4片，长匙形。角果窄条形，长2~3 cm，宽约1 mm，种子1行，矩圆形至近卵形，黄褐色至红褐色，长约1 mm。

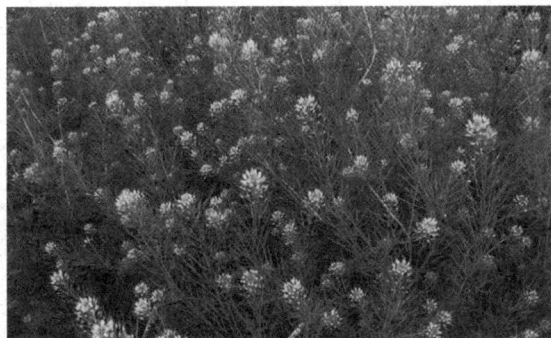

图8-1　播娘蒿

发生规律：播娘蒿适生于较湿润的环境，较耐盐碱，有较强的繁殖能力和再生能力，单株结籽 5.25 万～9.63 万粒。种子发芽最低温度 3 ℃，适宜土层深度 1～3 cm，超过 5 cm 不能出苗，在华北麦区多于 10 月出苗，11 月底以健苗开始越冬，翌年 3 月中下旬越冬幼苗复苏生长，4 月中下旬分枝抽薹，5 月上中旬现蕾开花，5 月下旬结籽灌浆，6 月下旬成熟落粒。成熟期比小麦早半个月。

2. 荠菜（图 8-2）

形态特征：十字花科一年生或二年生草本，分布遍及全国，重度为害冬小麦。茎直立，有分枝，高 10～50 cm，基生叶莲座状，大头羽状分裂，顶生裂片较大，侧生裂片较小，狭长，先端渐尖，浅裂或有不规则锯齿或近全缘，有长柄。基生叶狭披针形，基部耳形抱茎，边缘有缺刻或锯齿。总状花序顶生及腋生，花小而有柄。萼片 4，长椭圆形，花瓣白色，倒卵形，直径约 2 mm，4 枚，十字形排列，雄蕊 6 个，雌蕊 1 个，短角果，倒三角形，长 5～8 mm，宽 4～7 mm，扁平，先端微凹。种子 2 行，长椭圆形，长 1 mm，淡褐色。

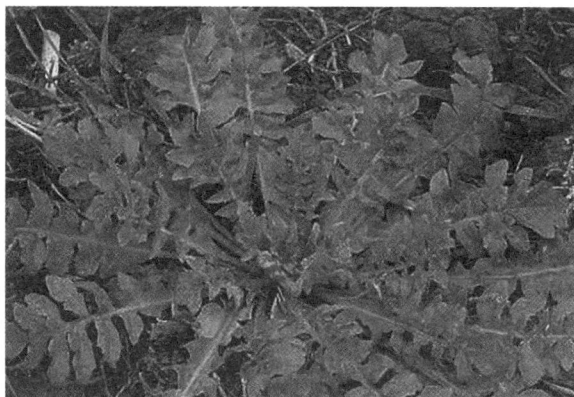

图 8-2　荠菜

发生规律：适生于较湿润而肥沃的土壤，亦耐寒、耐旱，为小麦、油菜和蔬菜地主要杂草。通过种子繁殖，种子量很大，经短期休眠后萌发。早春、晚秋均可见到实生苗。大部分在冬前出苗，在麦播后 10 d 左右进入出苗盛期。越冬苗在土壤解冻后不久返青，随后即开花，花果期在华北地区为 4—6 月，长江流域为 3—5 月。越冬种子春季发芽出苗，与越冬植株同时或稍晚开花结实。

3. 遏蓝菜（图 8-3）

形态特征：十字花科一年生或二年生草本植物，分布于全国各地，为害较重，为麦田主要杂草之一，也为害蔬菜、果树和幼龄林木。幼苗全株光滑无毛。子叶阔椭圆形，一边常有缺陷，初生叶全缘。茎直立，高 10～60 cm，有棱。单叶互生，基生叶有柄，倒卵状长圆形，基生叶长圆状披针形或倒披针形，先端钝圆，基部抱茎。总状花序顶生；花瓣4，白色。短角果倒卵形或近圆形，先端凹陷，边缘有狭翅。

图 8-3　遏蓝菜

发生规律：江苏地区10—11月份发生，翌年早春2—3月少量出苗，4—5月开花结果，种子陆续从成熟果实中散落于土壤。西北、东北地区4月底、5月初出苗，8—9月开花结果。

4. 离子草（图 8-4）

形态特征：十字花科一年生或越年生杂草，主要为害麦类、油菜、甜菜和马铃薯等作物。基自基部分枝，枝斜上或呈铺散状。基生叶和茎下部的叶有短柄，叶长椭圆形或长圆形，羽状浅裂，先端渐尖，基部渐狭，两面均为暗绿色；上部叶近无柄，叶片披针形，边缘有稀齿或全缘。总状花序顶生，花梗极短；萼片4，直立，绿色或暗紫色；花瓣4。长角果长3～5 cm，具横节，节片长方形，后平，每节含1粒种子，果不裂，略向内弯，上部渐狭成喙，基部有果梗，长3～4 mm。种子椭圆形，略扁平，黄褐色。

图 8-4　离子草

发生规律：生于较湿润肥沃的农田中，幼苗或种子越冬。在黄河中游冬麦区9—10月出苗，11月底壮苗越冬，翌年3月中下旬开始生长。部分种子早春萌发出苗，但数量较少。花果期4—8月，种子于5月渐次成熟，经夏季休眠后萌发。多分布于辽宁、河北、河南、山西、陕西、甘肃、新疆等地区。

5. 藜（俗名灰灰菜，图8-5）

形态特征：藜科一年生草本植物，又称为"灰菜""灰条菜"。除西藏外，全国各地均有分布，严重为害麦田。株高60～120 cm。基粗壮，直立，多分枝。有棱和绿色条纹，通常带紫色，叶互生有柄，灰绿色，叶背面被粉粒。下部叶片三角形或菱形，先端圆形，多数3裂，也有不规则浅裂，上部叶片线状披针形，全缘或具浅齿，数朵花集成团伞花簇，由花簇排成圆锥状花序，顶生或腋生，花小，黄绿色，花被片5片，宽卵形至椭圆形，具纵隆脊和膜质边缘，雄蕊5个，柱头2个。胞果，完全包干花被内，或顶端稍露，果皮有泡状皱纹或近平滑。每果有种子1粒。种子横生，扁球形，黑色具光泽。

图8-5 藜

发生规律：对土壤要求不严格，在肥沃土壤中生长极旺盛，耐盐碱。种子繁殖，单株结实量大，出苗不整齐。适宜发芽温度为10～40 ℃，最适温度20～30 ℃。从早春至晚秋随时发芽出苗在黄河中游地区，3月中旬开始出苗，4—5月达出苗高峰，5月中旬分枝，5月下旬现蕾，6月中旬开花，7月中旬成熟。1年可完成两个生育周期。

6. 小藜（图8-6）

形态特征：藜科一年生草本植物，又称为"小灰条""灰条菜"。分布于全国各地，小麦、大豆、棉花、蔬菜等作物受害较重。成株基直立，高20～60 cm，多分枝，有绿色条纹。叶互生，具柄，叶两面疏生粉粒。下部叶片卵状长圆形，3裂，中裂片较长，近基部的两裂片下方常有1小齿，上部叶片全缘，线形。花序穗状，腋生或顶生。花两性，绿色，花被片5，雄蕊5个，与花被片对生，且长于花被片，柱头2，条形，胞果包于花被内，果皮膜质，有明显的蜂窝状网纹。种子扁圆形，种皮光滑，有棱。

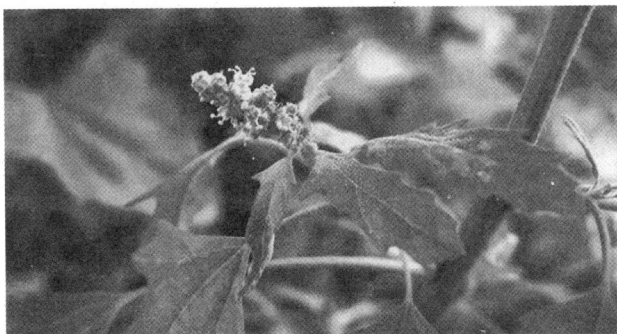

图 8-6　小藜

发生规律：喜生于盐碱、沙质土壤。种子繁殖，种子发芽温度 3～35 ℃，最适 10～20 ℃，能在含水量 10％～40％的土壤中出苗，20％～30％时发芽出苗最好。在 0～6 cm 深土层中均可出苗，0～3 cm 深最好。全生育期 60～70 d。1 年能完成两个生育周期。第一个周期在早春出苗，花果期 5 月，第二周期花果期 8—9 月。

7. 酸膜叶蓼（图 8-7）

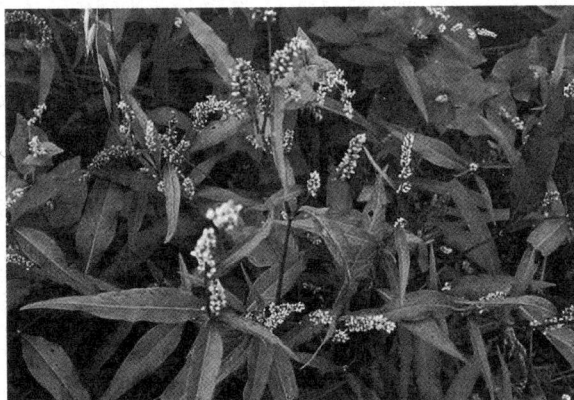

图 8-7　酸膜叶蓼

形态特征：蓼科一年生草本，又称为大马蓼、旱苗蓼、斑蓼、柳叶蓼，遍布全国，危害严重。株高 30～120 cm。茎直立粗壮。上部多分枝。无毛，带红褐色，节部膨大。叶互生，具柄，柄上有短刺毛。叶片披针形或宽披针形，长 5～12 cm，宽 1.5～3 cm，叶全缘，叶缘及主脉有粗硬刺毛，叶面绿色，托叶鞘筒状，膜质，脉纹明显，无毛。茎和叶上常有新月形黑褐色斑点。数个花穗构成圆锥状花序，顶生或腋生。苞片膜质，边缘生稀疏短毛，花被 4 深裂，裂片椭圆形，淡绿色或粉红色，雄蕊 6，花柱 2，向外弯曲。瘦果卵圆形，扁平，红褐色至黑褐色，有光泽，包于宿存的花瓣内。

发生规律：适应性较强，多生于比较湿润的环境。种子发芽适温 15～20 ℃，在 1～5 cm 深土层内都能出苗。东北及黄河流域 4—5 月出苗，花果期 7—9 月。在长江流域及以南地区的夏收作物田 9 月至翌年春季出苗，4—5 月为开花结果期。

8. 田旋花

形态特征：又称中国旋花、箭叶旋花。多年生草质藤本，近无毛。根状茎横走。茎平卧或缠绕，有棱。叶柄长 1～2 cm；叶片戟形或箭形，长 2.5～6 cm，宽 1～3.5 cm，全缘或 3 裂，先端近圆或微尖，有小突尖头；中裂片卵状椭圆形、狭三角形，披针状椭圆形或线形；侧裂片开展或呈耳形。花 1～3 朵腋生；花梗细弱；苞片线形，与萼远离；萼片倒卵状圆形，无毛或被疏毛；缘膜质；花冠漏斗形，粉红色、白色，长约 2 cm，外面有柔毛，褶上无毛，有不明显的 5 浅裂；雄蕊的花丝基部肿大，有小鳞毛；子房 2 室，有毛，柱头 2，狭长。蒴果球形或圆锥状，无毛；种子椭圆形，无毛。花期 5—8 月，果期 7—9 月。分布于东北、华北、西北、西南，危害较重，为麦田难防除杂草之一（图 8-8）。

图 8-8 田旋花

发生规律：主要为害小麦、棉花、豆类、玉米、蔬菜及果树等。根芽及种子繁殖。根上着生大量芽，由芽生出新的萌芽枝。秋季近地面处产生越冬芽，翌年长出新植株，萌生苗比实生苗萌发早，铲断的具节的地下基亦能发生新株。花期 5—8 月，果期 6—9 月。

二、麦田禾本科和莎草科杂草

禾本科杂草是单子叶植物，胚有一个子叶。茎秆圆筒形或扁平，有节。节间中空。生长点不外露。叶鞘开张，有叶舌。叶片窄而长，平行叶脉，无叶柄。莎草科杂草也是单子叶植物，但茎为三棱形，无节，通常实心，叶片狭长而尖锐，竖立生长，平行叶脉，叶鞘闭合成管状。

1. 野燕麦（图 8-9）

形态特征：禾本科燕麦属一年生或越年生草本，为麦田恶性杂草，分布于全国，西北、东北发生最严重。株高 50～120 cm。茎秆单生或丛生，圆柱形，中空，直立，有 2～4 个节。叶鞘光滑或基部被柔毛，松弛。无叶耳，叶舌较大，膜质透明。叶片互生，宽条形，渐尖，长 10～30 cm，宽 4～12 mm，灰绿色。叶缘或中肋处有茸毛，转向逆时针。圆锥花序，分枝轮生，每轮长纤细分枝 3 根，疏生绿色小穗。小穗长 18～25 mm，含 2～3 个小花，小穗有细柄，弯曲下垂，顶端膨胀。小穗轴节间密生淡棕色或白色硬毛，具关节，易断落。颖片卵状披针形，等长，具 9 脉。外稃质地硬，表面有粗长毛，背面有屈膝状长毛，第一外稃长 15～20 mm，基盘密生短鬃毛，芒自外稃中部稍下处伸出长 2～4 cm，膝曲，下部扭转，第二外稃与第一外稃相等，具芒。雄蕊 3 个，雌蕊 1 个。颖果纺锤形，被淡棕色柔毛，腹面具纵沟。

图 8-9　野燕麦

发生规律：野燕麦生命力强，发育快，生长茂盛，竞争性很强。西北春麦区 4—5 月出苗，花果期在 6—8 月。冬麦区 9—11 月出苗，4—5 月开花结果。种子成熟后落地，休眠 2～3 个月后发芽。温度 10～20 ℃，土壤含水量 50%～70% 适于种子萌发。在土深 3～7 cm 处出苗最多，3～10 cm 能顺利出苗，超过 11 cm 出苗受抑制。落地的种子翌年萌发的不超过 50%。其余继续休眠。野燕麦出苗比小麦晚 5～15 d，苗期发育比小麦慢，拔节期生长迅速，后期超过小麦，早抽穗，早落粒。从出穗到开始落粒，历时最短 13 d，最长 30 d，平均 25 d。

野燕麦繁殖能力很强，单株结籽数在 400～500 粒，个别植株甚至多于 1 000 粒。再生能力也强，割除地上部分后，再发植株的高度、分蘖率、结籽数都超过原植株。种子轻，有茸毛和芒，可以随气流和流水传播，也可随小麦种子、农家肥、农机具传播。

2. 看麦娘（图 8-10）

形态特征：禾本科看麦娘属越年生或一年生草本，分布于华东、中南、西南、华北地区，为害严重。成株秆疏丛生，柔软光滑，高 15～40 cm。叶鞘光滑，通常短于节间，叶舌薄膜质，长 2～5 mm。叶片近直立，扁平质薄，长 3～10 cm，宽 2～6 mm。圆锥花序圆顶生，狭圆柱形，灰绿色。小穗椭圆形或卵状长圆形，两侧压扁状，长 2～3 mm，含 1 个小花。颖膜质，基部互相连合，具 3 脉。外稃膜质，等长或稍长于颖，下部边缘合生，芒长 2～3 mm，背面下部 1/4 处伸出，隐藏或稍伸出颖外，无内稃。外颖果，长 1 mm。

图 8-10 看麦娘

发生规律：适生于潮湿土壤，地势低洼的麦田受害严重。种子繁殖，种子休眠期 3～4 个月。种子发芽温度 2～23 ℃，适温 10～20 ℃，适宜土壤含水量为 15%～30%。上海 8 月底至 9 月上旬开始出苗。10—11 月为发生高峰，早春有少量发生，4 月上旬开始抽穗，5 月上旬种子开始成熟落地。

3. 节节发（图 8-11）

形态特征：禾本科山羊草属一年生草本，又名粗山羊草，分布于陕西、河南、河北、山东、江苏等地，局部危害较重。须根细弱，秆高 20～40 cm，丛生，基部弯曲，叶鞘紧密包秆，平滑无毛而边缘有纤毛。叶舌薄膜质，长 0.5～1 mm。叶片微粗糙，腹面疏生柔毛。穗状花序圆柱形，含小穗 5～13 枚，长约 10 cm（含芒），成熟时逐节脱落。小穗圆柱形，长约 9 mm，含 3～5 个小花，颖革质，长 4～6 mm，通常具 7～9 脉，先端截平而有 1～2 齿，外稃先端略截平而具长芒，具 5 脉，脉仅在先端显著，第一外稃长约 7 mm，内稃与外稃等长，脊上有纤毛。颖果暗黄褐色，无光泽，椭圆形至长椭圆形，先端具密毛，颖果背腹压扁，内、外稃紧贴黏着不易分离。耐干旱，花果期 5—6 月，种子繁殖。

图 8-11　节节发

4. 雀麦（图 8-12）

形态特征：禾本科雀麦属越年生或一年生草本，分布于长江、黄河流域各地。中度危害部分麦田，较难防除。秆直立，丛生，高 30～100 cm。叶鞘闭合包茎，被白色柔毛，叶舌透明膜质，顶端具不规则齿裂，叶片长 5～30 cm，宽 2～8 cm，两面有白色柔毛。圆锥花序开展下垂，长达 30 cm。小穗幼时圆筒状，成熟后压扁，具 7～14 个小花，颖披针形，具膜质边缘，外稃椭圆形，边缘膜质，顶端具 2 微小裂齿，齿下约 2 mm 处生芒，内稃较狭，短于外稃，脊上疏生刺毛。颖果，背腹压扁，呈线状，长约 7 mm，暗红色，顶端圆形有毛茸，基部尖，胚细小。

图 8-12　雀麦

发生规律：雀麦的分蘖力、繁殖力及再生力强。在江淮流域，秋季出苗，入冬休眠，翌春 2 月下旬返青，冬前和冬后都可分蘖，3 月下旬拔节，4 月下旬至 5 月上旬抽穗开花，5 月下旬至 6 月上旬颖果成熟，生育期 210 d 左右，比小麦生育期略短。种子繁殖。

5. 早熟禾（图 8-13）

图 8-13　早熟禾

形态特征：禾本科早熟禾属一年生或二年生草本，分布于全国各地，局部麦田重度受害。秆细弱丛生，高 7～25 cm，直立。叶鞘光滑无毛，自中部以下闭合，叶舌钝圆，薄膜质。叶片柔软，先端船形。圆锥花序开展，每节 1～3 分枝，小穗含 3～5 朵小花。颖有宽膜质边缘，第一颖具 1 脉，第二颖具 3 脉，外稃卵圆形，先端和边缘宽膜质，5 脉明显，脊及选脉中部以下有长柔毛，基盘无绵毛，内稃与外稃等长或稍短，2 脊，有长柔毛。颖果纺锤形，具 3 棱，深黄褐色，顶部钝圆，具毛茸。

发生规律：在我国中南部地区，一般于 9 月开始出苗，10—11 月达到生长高峰，翌年早春 2—3 月还有部分发生。2—3 月开始抽穗，4 月中下旬种子开始成熟脱落。种子繁殖，休眠期 1～2 个月。稻、麦连作田块的发生量显著高于水旱轮作田块。秋播时阴雨高湿，发草量大，弱盐碱性土壤也发生较多。麦田中有两个出草高峰，分别在播种后 15～20 d 和返青拔节期。花期 4—5 月。

6. 长芒棒头草（图 8-14）

形态特征：禾本科棒头草属 1 年生或 2 年生草本，分布全国各地，在西南及长江流域的局部地区为害较重。成株茎秆丛生，直立或基部膝曲，光滑无毛，高 20～60 cm。叶鞘疏松抱秆，叶舌膜质，两深裂或不规则破裂，表面及边缘粗糙，背面光滑。圆锥花序呈棒状，长 2～10 cm，宽 5～20 mm。小穗的基盘长约 0.3 mm，小穗有 1 小花，颖倒卵状长圆形，粗糙，脊与边缘有细纤毛，顶端两浅裂，裂口伸出细长芒，芒长 3～7 mm，外稃光滑，长 10～12 mm，顶端有微齿，主脉延伸成与稃体等长的细芒，雄蕊 3 枚。颖果倒卵状椭圆形。米黄色，长约 1 mm，宽约 0.5 mm，脐不明显，腹面具沟，胚近圆形。

图 8-14　长芒棒头草

发生规律：低洼田块发生数量大。苗期秋冬季或迟至翌年春季，花果期 4—6 月。

7. 牛筋草（图 8-15）

形态特征：禾本科蟋蟀草属一年生草本植物，又名蟋蟀草、油葫芦草，是棉花、豆类、薯类、蔬菜、果园等重要杂草，也生于麦田。分布于全国各地，为害严重。株高 15～90 cm。茎秆丛生，斜生或长卧，有的近直立。叶鞘扁，鞘口具毛，叶舌短，叶片条形。穗状花序 2～7 枚，呈指状排列在秆端，穗轴稍宽，小穗成双行密生在秘轴的一侧。每个小穗有小花 3～6 个，颖和稃无芒，第一颖片较第二颖片短，第一外稃有 3 脉，具脊，脊上粗糙，有小纤毛。颖果卵形，棕色至黑色，具明显的波状皱纹。

图 8-15　牛筋草

发生规律：长江下游一带于 4 月中下旬出苗，5 月上中旬进入发生高峰，6—8 月发生少。靠种子繁殖。秋季成熟的种子在土壤中休眠 3 个多月，在 0～1 cm 土中发芽率高，深 3 cm 以上不发芽。发芽需 20～40 ℃变温和光照。

8. 狗尾草（图 8-16）

形态特征：禾本科狗尾草属一年生草本，分布广泛，为害严重。根须状，秆直立或基部膝曲，通常较细弱，高 30～40 cm。叶鞘较松弛，光滑，鞘口有毛，叶舌具长 1～2 mm 的纤毛，叶片条状披针形，扁平，长 5～30 cm，宽 2～15 mm，顶端渐尖，基部略呈圆形或渐窄，通常无毛。圆锥花序紧密呈圆柱形，长 2～15 cm，宽 6～10 mm，微弯垂或直立，刚毛绿色、黄色或变紫色。小穗椭圆形，先端钝，长 2～2.5 mm，2 至数枚簇生。第一颖阔卵形，具 3 脉，长约为小穗的 2/3；第二颖具 5 脉，与小穗等长，外程与小穗等长，具 5～7 脉，有一窄狭的内样。谷粒长圆形，顶端钝，具细点状皱纹。

图 8-16　狗尾草

发生规律：种子繁殖，成熟种子越冬休眠后发芽。发芽适温为 15～30 ℃，10 ℃也能发芽，但发芽率低，出苗缓慢。出苗深度为 0～8 cm。晚春杂草，在黑龙江 5 月初开始出苗，可持续到 7 月下旬，7～8 月开花，8～9 月种子成熟。上海地区 1 年可发生 2～3 代，4 月中下旬出苗，5 月下旬达高峰，9 月上中旬为另一发生高峰期。

第二节　麦田杂草防除方法

麦田除草应贯彻"预防为主，综合防除"的策略，采取简便有效措施，把杂草控制在经济允许水平以下。防除杂草可以采取栽培的、生物的、物理的、化学的以及其他多种措施，但对于现今的麦田除草来说，可以大面积实行的主要为栽培防除措施、人工锄草和化学除草。

一、栽培防治措施

1. 选种

要精选种子，播种洁净麦种。杂草种子可以夹杂在小麦种子间进入田间，或随麦种调运而远程传播。清除混杂在作物种子中的杂草种子，是一种经济有效的方法。种子公司和良种繁育单位要建立无杂草种子繁育基地，要通过匍选、穗选、粒选，选留纯净种子。在种子加工时或播种前，要根据杂草种子的特点，采取风选、筛选、盐水选、泥水选等方法汰除草籽。对于毒麦等检疫性杂草，更要采取检疫措施，杜绝随麦种调运而人为传播。

2. 轮作

轮作是防止伴生杂草、寄生性杂草的有效措施。北方麦区要改变小麦重茬现象，实行轮作，特别是与水稻轮作，可将田旋花、莎草、刺儿菜和苣荬菜等多年生杂草的地下根茎淹死，除草效果很好。江苏省推广稻麦轮作，麦田改种水稻，连茬种植水稻2年后，基本上控制了麦田杂草的危害。密植作物小麦与玉米向日葵等中耕作物轮作，可通过中耕来灭除当年生的野燕麦。野燕麦严重地块还可种植绿肥或苜蓿，通过刈制防除野燕麦。小麦也可与油菜、棉花、蔬菜等阔叶作物轮作2～3年。轮作换茬要注意预防长残留除草剂的残留药害。

3. 深翻

深翻对多年生杂草有显著的防除效果，播前整地、播后耙地，苗期中期可以有效地控制前期杂草。按深翻的季节可分为春翻、伏翻和秋翻。

(1)春翻是指从土壤解冻到春播前一段时间内的耕翻地作业，能有效地消灭越冬杂草和早春出苗的杂草，也将上年散落土表的杂草种子翻埋于土壤深层。春翻深度应适当浅一些，防止把原来埋在土壤深层中的杂草种子翻到地表，以致当年大量发芽出苗。

(2)伏翻是在冬小麦等夏收作物的茬地，于6—8月进行的耕翻作业。此时气温较高，雨水较多，北方地区杂草均可萌发出苗，南方地区的杂草正在生长季节，伏耕灭草效果好，特别是对多年生以根茎繁殖的芦苇、三棱草和田旋花等，深耕能将其根茎切断翻出地表，经日晒而死亡。西北地区在麦收后耕翻2～3次，南方多进行浅翻、耙地，既灭草保苗，又有利于抢季节播种。

(3)秋翻是指9—10月，在玉米、棉花等秋作物收获后茬地进行的耕翻作业，主要消灭春、夏季出苗的残草、越冬杂草和多年生杂草。在冬麦播前翻耕20～30 cm，可将野燕麦籽深埋地下，第二年基本无野燕麦。

4. 中耕

在小麦冬前苗期和早春返青、起身期进行田间中耕，可疏松土壤，提温保墒，既有利于小麦生长，又可除掉一部分杂草。

在推广少耕法的地方，需采用耕作与化学除草相配合的措施控制杂草，否则会造成严重的草害。前茬收获后耙茬，可使杂草种子留在地表浅土层中，增加出苗的机会，在杂草大部分出土后，可通过耕作或化学除草集中防除。

5. 施有机肥

农村常用枯草、植物残体，秸秆、粮油加工的下脚料、畜禽粪便等堆肥沤肥，混有很多杂草种子，农家肥料必须经过50～70 ℃高温堆沤处理，充分腐熟，杀死杂草种子后，方能还田施用。

6. 人工除草

田边、路边、沟边、渠理的杂草可以通过地下根茎的生长进入田间，还可以通过农事操作、牲畜、风力、灌溉水带入田间，因而须及时清除。农机具，特别是跨区作业的大型机具，可以传带杂草种子，需在作业之后或转场之前进行清理。在冬前和春季分别进行人工拔草、锄草，是除治小麦禾本科杂草的有效方法。冬前在小麦 3 叶 1 心后，春季在小麦起身到拔节期拔除，连拔 2～3 年即可。

二、麦田化学除草

化学除草是用化学制剂抑制或杀死杂草的防治方法，用于防除杂草的化学制剂称为除草剂。化学除草省时、省力、效率高。麦田化学除草主要有土壤封闭处理和选择性茎叶处理两种方式。土壤封闭处理是在播种后出苗前，将药剂均匀施于土壤表层，控制杂草的出苗。土壤封闭处理不能够因草施药，对大粒种子杂草和多年生杂草效果不够好，除草效果受土壤特性影响较大，药效不稳定。选择性基叶处理是根据田间已出苗的杂草的种类和数量，选择相应的除草剂进行防除，这是当前麦田广泛应用的化学除草方法。

除草剂比杀虫剂、杀菌剂更容易对作物产生药害，除草剂的应用时期受杂草和作物双方发育时期的共同限制，用药的适宜时期较难控制。除草效果受环境条件和用药技术水平的影响较大，作物的不同发育时期或不同品种抗药能力也会有明显差异。为保证除草效果和作物安全，除草剂应用前需进行试验，应用时需严格遵循技术要求，提高施药质量。

长期使用某种除草剂，对该剂敏感的杂草种类被控制，而不敏感杂草和抗药性杂草可能发展起来。例如，推广使用 2，4-滴丁酯、苯磺隆等防除阔叶杂草的药剂后，不仅野燕麦、雀麦、节节麦、看麦娘等不敏感的禾本科杂草发展起来了，播娘蒿等阔叶杂草对其也产生了抗药性。为防止出现这种局面，要不定期地交替或轮换使用作用机制或杀草谱不同的除草剂品种。

1. 除草剂选择

选择性除草剂都有一定的杀草谱，宽窄不一，要根据当地主要杂草种类选择适宜的有效除草剂。防治禾本科杂草可以选择绿麦隆、异丙隆、精恶唑禾草灵（骠马）、甲磺胺磺隆（世玛）、炔草酯、禾草灵等。但是，不同种类的禾本科杂草对这些除草剂的敏感程度还有差异，除草剂的选择还要进一步细化。以看麦娘野燕麦为主的田块，就可以选择炔草酯或精恶唑禾草灵进行防除。若打算兼治阔叶杂草，就可选用绿麦隆或异丙隆。

麦田防除阔叶杂草的除草剂品种主要有2，4-滴丁酯、二甲四氯钠、麦草畏（百草敌）、溴苯腈、苯磺隆（巨星）。噻吩磺隆、酰嘧璜隆、苄嘧磺隆、甲磺隆、唑嘧磺草胺、氟草烟（使它隆）。乙羧氟草醚（阔锄）、唑酮草酯、苯达松等，应当根据当地杂草群落选用。为了扩大杀草谱，提高杀草速度和除草效果，常用几种成分混配的方法。例如，36％苯磺·唑草可湿性粉剂（奔腾），含苯磺隆14％，唑草酮22％，用于防治猪殃殃、婆婆纳、麦家公和泽漆等麦田难除阔叶杂草，杀草速度快，效果好。麦田混生禾本科杂草和阔叶杂草时，可以选用适用的单剂，也可以采用复配剂。例如，北方麦田重点防除野燕麦，兼治多种阔叶杂草，可选用甲磺胺磺隆（世玛）或取代脲类除草剂（绿麦隆、异丙隆等），也可混用苯磺隆（巨星）和精恶唑禾草灵（骠马），或混用野燕枯与2，4-滴丁酯等苯氧乙酸类除草剂；还可以配合施用不同的单剂，例如在小麦播种前施用燕麦畏，在小麦苗期喷洒苯磺隆（巨星）二甲四氯钠、2，4-滴丁酯或麦草畏（百草敌）。除草剂常混配使用或制成复配剂使用，其目的除了上述扩大除草范围、提高防除效果以外，还有延长除草的持效期，减少用药次数，提高安全性，降低用药成本，克服杂草抗药性，控制杂草种群变迁等。

2. 施药时期

化学除草要把握最佳施药时期。在黄淮冬麦区，主要有冬前和冬后两个出草高峰。小麦播种5～7 d后，杂草开始萌发，30～45 d后形成第一个出草高峰，冬后从翌年2月中下旬开始除草，至3月中旬达到高峰。冬前出草量占总量的70％～80％，冬后仅占20％～30％，因而冬前是除草最佳时期。一般说来，在小麦小苗期（3叶期后），杂草敏感期（1～3叶期）使用茎叶处理剂除草效果最好，且此时苗、草都很小，用药量、用水量较少，成本也较低，在小麦拔节后施药，通常只能抑制杂草生长，难以杀死，有些除草剂在拔节后施用还会发生药害。

3. 施药效果的影响因素

除草剂效果受多种因素的影响，应在农技人员指导下，按说明书要求，正确使用除草剂。首先要非常严格地掌握用药量，遵循推荐用药量和用水量，绝不能随意加大用药量。多数除草剂的单位面积用药量很低，要采用二次稀释法配制药液，喷药务要均匀一致，不能重喷和漏喷，而且要使用专用药械，或施药后彻底冲洗药械。施药时的气温影响除草剂的药效。一般说来，除草剂在气温较高时施用，有利于药效的充分发挥，但温度过高，易生药害。通常要在日平均气温10 ℃以上，晴朗无风的天气施药。各种除草剂的施用温度参见农药说明书，后述"麦田常用除草剂"一节也有所提及。湿度也是影响药效高低的重要因素。苗前施药，若表土层湿度大，可形成严密的药土封杀层，且杂草种子发芽出土快，因而防效高。生长期湿度高，杂草生长旺盛，除草剂吸收和在体内的运转良好，药效发挥快，除草效果好。但有积水的田块，不要用除草剂进行土壤处理，否则易生药害。

4. 药害的产生与防止

除草剂使用不当，会发生药害，包括对小麦的药害，对周边非标靶植物和对下茬作物的药害。靶标作物产生药害的起因有除草剂的种类、剂型选择不当，施药剂量过大，施药不均匀，在作物敏感期施药，2次施药间隔的天数太短，以及除草剂混用不当等。在不良环境条件下施药，诸如高温、强烈阳光照射。空气干燥、雨天或露水未干等，也容易发生药害。作物遭受冻害、涝害、旱害或病害后，生机削弱，较健壮植株易受药害。

在大风天喷药或喷药时防护不力，造成雾滴飘移，接触周围敏感植物，可使这类非标靶植物出现药害。易挥发的除草剂2，4-滴丁酯、二甲四氯钠等在有风天使用，药剂雾滴飘移易使邻近油菜、豆类、花生、棉花、马铃薯、向日葵、蔬菜、果树、林木等双子叶敏感作物发生药害。喷过2，4-滴丁酯、二甲四氯钠的喷雾器清洗不净，再喷其他农药，也易造成双子叶植物的药害。甲磺隆、氯磺隆、胺苯磺隆等在土壤中降解慢，残效期长，常引起后茬敏感作物，诸如玉米、甜菜、棉花、大豆、豌豆、花生、芝麻、向日葵、烟草和油菜等发生严重药害。

为了防止药害发生，应分析诱发药害的各种因素，提出对策。首先应根据作物及杂草的种类，正确选择除草剂品种和剂型；要严格执行规定的使用剂量、用药时期和施用方法，合理混用除草剂；要根据药剂特性，在温度、湿度、光照、风速等环境条件最佳时施用除草剂；要安排专用药械，加强药械护维修，提高施药质量。出现药害征兆或发生药害后，要尽可能早地采取排毒措施，包括拖水排毒，结合排水施入石灰中和酸性除草剂，喷雾或淋水洗去植株上的残留药剂等，减轻药害。发生药害后，要加强田间水肥管理，增施肥料，酌情对症喷施赤霉素等植物生长调节剂，促进作物生长，减少药害损失。

第三节　麦田常用除草剂

一、2，4-滴丁酯

通用名称：2，4-滴丁酯

化学名称：2，4-二氯苯氧乙酸丁酯

主要性状：褐色或棕色油状单相透明液体，难溶于水，易溶于多种有机溶剂，挥发性强。遇酸、碱性物质易降解。为低毒除草剂。

作用特点：苯氧乙酸类激素型选择性除草剂，内吸性强，防除播娘蒿、荠菜、藜、蓼、猪殃殃、离子草、繁缕、反枝苋、马齿苋、花草、刺儿菜、苣荬菜、苍耳和田旋花等阔叶杂草以及莎草科杂草，对藜特效，对播娘蒿、荠菜等除治效果也较好，但对麦瓶草、麦家公、禾本科杂草及多年生杂草防效较差。小麦在 3 叶前和拔节后敏感，易生药害。主要用于苗后茎叶处理，展着性好，渗透性强，易进入植物体内，不易被雨水冲刷。施药后杂草茎叶扭曲，畸形，死亡。在过量施用或低温条件下使用，会出现药害，麦苗叶片失绿发黄，新叶葱管状，穗卷曲难以抽出或畸形。

剂型：72％乳油。

使用方法：小麦 4 叶期至分蘖末期，杂草 2～5 叶期施药，72％乳油每亩用 40～50 mL，加水 25～30 L 喷雾。可与麦草畏(百草敌)、溴苯腈(伴地农)、噻吩磺隆(宝收)、苯磺隆(巨星)、氟草烟(使它隆)、野燕枯等多种除草剂混用，扩大杀草谱。

注意事项：①在气温 18 ℃以上的晴天喷药，有利于杂草对药剂的吸收而提高除草效果。低于 10 ℃，阴天，光照不足，药效较差，容易引起药害。②药剂雾滴飘移可使邻近油菜、豆类、花生、棉花、马铃薯、向日葵、蔬菜、果树、林木等双子叶敏感作物发生药害，应选择无风或风小(风速低于 3 米/秒)的天气施用，与敏感作物间隔 500 m 以上，施药麦田应处于下风方向。不能在套种敏感作物的麦田用药。喷雾器的喷头加用保护罩，防止雾滴飘移。③在小麦 4 叶期至分蘖末期施药，对麦类作物安全，小麦在 3 叶前和拔节后敏感。药害轻者麦穗弯曲不易抽出，重者发穗畸形。④使用 2，4-滴丁酯的喷雾器很难清洗，即使用碱、洗衣粉、硫酸亚铁等多次反复清洗，也不易清洗干净。因此，分装和喷施器械要专用，以免造成二次污染，产生药害。⑤不能与酸性、碱性物质混用。

二、二甲四氯钠

通用名称：二甲四氯钠

化学名称：2－甲基－4－氯苯氧乙酸钠

主要性状：纯品为无色无气味结晶体。熔点 120 ℃。易溶于水和乙醇、乙醚等有机溶剂。对人畜低毒，对鱼安全。

作用特点：苯氧乙酸类激素型选择性除草剂，内吸性强，可被植物的根、茎、叶吸收并传导，在禾本科植物体内，易被代谢而失去毒性，双子叶植物敏感。适用于麦类、玉米和水稻田防除阔叶杂草和莎草科杂草。挥发性比 2，4-滴丁酯低，作用速度较慢。

剂型：20％水剂、13％水剂、56％可湿性粉剂、85％可溶性粉剂。

使用方法：春小麦从 1 叶 1 心至分蘖末期，冬小麦从分蘖初期至分蘖末期为喷药适期。每亩用 20％水剂 250～300 mL，加水 25～30 L 茎叶均匀喷雾。

在药液中混入少量硫酸铵、硝酸铵和过磷酸钙等化学肥料，可提高杀草效果。与苯达松（排草丹）、氟草烟（使它隆）、苯磺隆（巨星）、溴苯腈（伴地农）、麦草畏（百草敌）、野燕枯、扑草净等除草剂混用，可以减少用药量，扩大杀草谱。

注意事项：同 2，4-滴丁酯、棉花、大豆、瓜类、果林等阔叶作物很敏感。使用时尽量避开敏感作物地块。阴天和低温时药效差。施药 6 h 后下雨，对药效无明显影响，不必重喷，禁止重复用药。气温高于 28 ℃，空气相对湿度低于65％，风速大于每秒 4 m 时应停止施药。用药前后 7 d 内，不能使用有机磷农药，否则会产生药害。施药器械用后要用热碱水彻底清洗或使用专用施药器械。

三、麦草畏（百草敌）

通用名称：麦草畏

其他名称：百草敌

化学名称：3，6-二氯-2-甲氧基苯甲酸

主要性状：原药为淡黄色结晶固体，纯度 80％～90％（质量）。纯品为无色结晶固体，熔点 114～116 ℃，约 200 ℃时分解。

作用特点：难溶于水，易溶于多种有机溶剂，属低毒除草剂。苯甲酸系内吸性叶面或土壤除草剂。苗后喷雾，很快被杂草的叶、茎、根吸收，通过韧皮部和木质部上行或下行传导。对一年生和多年生阔叶杂草有防除效果，用药后 24 h出现畸形卷曲症状，10～20 d 死亡。对小麦、玉米、谷子、水稻等禾本科作物比较安全。用于防除小麦田播娘蒿、荠菜、藜、蓼、萹蓄、苍耳、猪殃殃、牛繁缕、大巢菜、反枝苋、田旋花、苣荬菜和刺儿菜等 1 年生和多年生阔叶杂草。

剂型：48％百草敌水剂。

使用方法：冬小麦在 4 叶期至分蘖末期施药，每亩用 48％百草敌水剂 25～40 mL，加水 20～30 L，均匀喷雾。春小麦 3 叶 1 心至 5 叶期（分聚盛期），田间阔叶杂草基本出齐时施药。该剂多与二甲四氯钠混用。

注意事项：选早、晚风小，气温低时施药，每天 10～15 h 停止施药。严禁漂移到周围的敏感双子叶作物上。小麦施用后可能出现匍匐、倾斜或弯曲现象，一般 1 周后恢复正常。生长发育不良的小麦，不宜使用麦草畏。小麦 3 叶期前和拔节期后敏感，在拔节开始后禁止使用百草敌，否则产生药害。

四、溴苯腈（伴地农）

通用名称：溴苯腈

其他名称：伴地农

化学名称：3，5-二溴-4-羟基苯甲腈

主要性状：纯品无色结晶，熔点 194～195 ℃，工业品略带灰褐色结晶，熔点 189～192 ℃。毒性中等，对鱼和水生物低毒，对蜜蜂和天敌无毒。

作用特点：腈类选择性苗后茎叶处理剂。主要经由叶片吸收，抑制光合作用，使植物组织坏死。施药 24 小时内叶片褪绿，出现坏死斑。气温较高、光照较强可加速叶片枯死。用于小麦田防除播娘蒿、荠菜、藜、蓼、篇蓄、荞麦蔓、婆婆纳、牛繁缕、大果菜等，对难防除的鸭跖草效果好，对禾本科杂草无防效。杂草植株较大时，除草效果降低，施用时期宜提前。

剂型：22.5%乳油。

使用方法：在小麦 3～5 叶期，阔叶杂草齐苗后至 4 叶期前的生长旺盛时期，每亩用 22.5%乳油 100～150 mL，加水 25～30 L 均匀喷雾。可与 2，4-滴丁酯或 2 甲 4 氯钠混用，混用剂量较各药剂单用时减半。不宜与化肥、助剂混用。

注意事项：施用后 6 h 内如有降雨，应该重喷。施药时，如遇 8 ℃ 以下低温和高湿天气，除草效果降低。遇到 35 ℃ 以上高温或高湿天气易生药害。

五、甲磺隆

通用名称：甲磺隆

化学名称：3-(4-甲氧基-6-甲基-1，3.5-三嗪-2-基)-1-(2-甲氧基甲酰基苯基)磺酰脲

主要性状：纯品为白色结晶，熔点 163～166 ℃。水中的溶解度随 pH 值升高而加大，在酸性溶液中易水解。对人畜低毒，对鱼低毒。

作用特点：磺酰脲类内吸传导型苗后选择性除草剂，作用特点同苯磺隆。较苯磺隆效果快，被杂草根部或叶片吸收后，可迅速向顶或向基传导，在数小时内迅速抑制植物根和新梢的生长，3～14 d 后植株枯死。在土壤中的残效期长，用

药 100 d 后对下茬敏感作物仍有药害。后茬敏感作物有甜菜、棉花、黄瓜、大豆、豌豆、花生、芝麻、向日葵、烟草、油菜以及其他十字花科作物等。甲磺隆可有效防除麦田播娘蒿、繁缕、巢菜、荠菜、藜、蓼等阔叶杂草。

剂型：10％可湿性粉剂。

使用方法：小麦 2 叶至孕穗期均可用药，为避免对后茬作物的药害，以小麦冬前分蘖期施用为宜。每亩用 10％可湿性粉剂 5 g，加水 25～30 L 均匀喷雾。

注意事项：该药残留期长，不应在麦套玉米、棉花、烟草等敏感作物田使用。中性土壤小麦田用药 120 d 后播种油菜。棉花、大豆、黄瓜等仍会产生药害，碱性土壤药害更重。仅限于长江流域及其以南地区的酸性土壤(pH 值<7)稻麦轮作区小麦田使用。应尽量早用，冬前杂草基本出全苗或春季早期喷施为宜。推荐用药量以有效成分计，不得超过 7.5 克/公顷。需喷雾均匀，不重喷。甲磺隆与百草敌不宜混用。与甲磺隆情况相似的还有氯磺隆、胺苯磺隆、醚苯磺隆等，在土壤中降解慢。持效期长，对后茬作物药害严重。

六、酰嘧磺隆（使阔得）

通用名称：酰嘧磺隆

其他名称：好事达、使阔得

化学名称：1-(4，6-二甲氧基-2-嘧啶基)-3-(N-甲基二磺法胺磺酰基)-脲

主要性状：纯品为白色颗粒状固体，熔点 160～163 ℃。为低毒除草剂，对哺乳动物皮肤和眼睛有轻微刺激作用，对鸟类、蜜蜂有轻微毒性。

作用特点：磺酰脲类内吸传导型苗后选择性除草剂，是乙酰乳酸合成酶的抑制剂。杂草叶片吸收药剂后即停止生长，叶片褪绿，而后枯死。该药在土壤中的残效期短，一般不影响下茬作物生长。用于小麦田防除阔叶杂草，如播娘蒿、荠菜、独行菜、藜、猪殃殃、酸模叶蓼、萹蓄、田旋花、苣荬菜、苋、野萝卜、本氏蓼和皱叶酸模等，对猪殃殃有特效，对禾本科杂草无效。

剂型：50％水分散粒剂。

使用方法：小麦 2～4 叶期至拔节期均可用药，以冬前和春季分蘖期施用为好。每亩用 50％水分散粒剂 3～4 g，加水 25～30 L 喷雾。在禾本科草与阔叶草混生时，与精恶唑禾草灵按常量混用，即每亩用 50％酰嘧磺隆水分散粒剂 3 g，加 6.9％精恶唑禾草灵(加解毒剂)水乳剂 50 mL。与二甲四氯钠、苯磺隆等防除阔叶杂草的除草剂混用，每亩用 50％酰嘧磺隆水分散粒剂 2 g，加 20％二甲四氯钠水剂 150～180 mL，或加 75％苯磺隆 0.7～0.8 g。

注意事项：最适施药期为杂草 2～5 叶期，防治猪殃殃等敏感杂草时 6～8 叶期施药仍有效，杂草出齐后宜尽量早用，杂草叶龄较大或天气干旱又无水浇条件时，适当增加用药量。宜在早、晚气温低，风小时进行喷雾。施药后 1.5 h 内应无雨。

参 考 文 献

[1]张玉华，胡锐．小麦病虫害识别与绿色防控图谱[M]．郑州：河南科学技术出版社，2021．

[2]李国阳，陈景梅，王顺领．小麦高产优质生产应用技术[M]．北京：中国农业科学技术出版社，2015．

[3]林同保，王志强，何霄嘉，许吟隆．黄淮海冬小麦适应气候变化技术研究[M]．北京：科学出版社，2018．

[4]刘戈，刘灿华，孙笑梅．冬小麦节水农业技术[M]．北京：中国农业出版社，2020．

[5]刘开昌，马根众，张宾．黄淮海冬小麦夏玉米机械化生产[M]．北京：中国农业出版社，2021．

[6]杜青林．中国农业通史[M]．北京：中国农业出版社，2007．

[7]高希武．新编实用农药手册[M]．郑州：中原农民出版社，2002．

[8]侯振华．冬小麦种植新技术[M]．沈阳：沈阳出版社，2010．

[9]孙元峰，杜海洋，赵斌．现代农药应用技术[M]．郑州：中原农民出版社，2012．

[10]金善宝．中国小麦学[M]．北京：中国农业出版社，1996．

[11]苗建才．最新农药使用技术手册[M]．哈尔滨：黑龙江科学技术出版社，2002．

[12]胡廷积．小麦生态与生产技术[M]．郑州：河南科学技术出版社，1986．

[13]农业部．农业主导品种和主推技术[M]．北京：中国农业出版社，2014．

[14]宋松泉．种子生物学研究指南[M]．北京：科学出版社，2005．

[15]易齐．植物病虫草鼠害[M]．北京：中国农业出版社，1999．

[16]陈勇．农作物病虫害专业化防治植保员[M]．北京：中国农业科学技术出版社，2013．

[17]王枝荣．中国农田杂草原色图谱[M]．北京：中国农业出版社，1990．

[18]赵善欢．植物化学保护[M]．北京：中国农业出版社，1999．

[19]盛红达．植物生产调节剂使用手册[M]．西安：天则出版社，1989.

[20]李国阳．巨型棚蔬菜栽培实用技术[M]．西安：陕西旅游出版社，2010.

[21]胡志江．新编农药手册[M]．北京：中国农业出版社，1989.

[22]陈金平．豫南稻茬麦区小麦生态同条件研究[J]．中国农学通报，2009，25(21)：156－160.

[23]徐建文，居辉，刘勤，等．黄淮海平原典型站点点冬小麦生有阶段的干旱特征及气候趋势的影响[J]．生态学报，2014，34(10)：2765－2774.

[24]孔令聪，汪建来，姜涛，等．安徽省小麦生产变化和特点及稳定发展的政策措施[J]．农业现代化研究，2013，34(05)：518－521，532.

[25]康勇，许泉，何友，等．黄淮海冬小麦丰产措施与配套技术[J]．种子世界，2013，373(12)：36－37.